Proceedings

Ein stetig steigender Fundus an Informationen ist heute notwendig, um die immer komplexer werdende Technik heutiger Kraftfahrzeuge zu verstehen. Funktionen, Arbeitsweise, Komponenten und Systeme entwickeln sich rasant. In immer schnelleren Zyklen verbreitet sich aktuelles Wissen gerade aus Konferenzen, Tagungen und Symposien in die Fachwelt. Den raschen Zugriff auf diese Informationen bietet diese Reihe Proceedings, die sich zur Aufgabe gestellt hat, das zum Verständnis topaktueller Technik rund um das Automobil erforderliche spezielle Wissen in der Systematik aus Konferenzen und Tagungen zusammen zu stellen und als Buch in Springer.com wie auch elektronisch in Springer Link und Springer Professional bereit zu stellen. Die Reihe wendet sich an Fahrzeug- und Motoreningenieure sowie Studierende, die aktuelles Fachwissen im Zusammenhang mit Fragestellungen ihres Arbeitsfeldes suchen. Professoren und Dozenten an Universitäten und Hochschulen mit Schwerpunkt Kraftfahrzeug- und Motorentechnik finden hier die Zusammenstellung von Veranstaltungen, die sie selber nicht besuchen konnten. Gutachtern, Forschern und Entwicklungsingenieuren in der Automobil- und Zulieferindustrie sowie Dienstleistern können die Proceedings wertvolle Antworten auf topaktuelle Fragen geben.

Today, a steadily growing store of information is called for in order to understand the increasingly complex technologies used in modern automobiles. Functions, modes of operation, components and systems are rapidly evolving, while at the same time the latest expertise is disseminated directly from conferences, congresses and symposia to the professional world in ever-faster cycles. This series of proceedings offers rapid access to this information, gathering the specific knowledge needed to keep up with cutting-edge advances in automotive technologies, employing the same systematic approach used at conferences and congresses and presenting it in print (available at Springer.com) and electronic (at Springer Link and Springer Professional) formats. The series addresses the needs of automotive engineers, motor design engineers and students looking for the latest expertise in connection with key questions in their field, while professors and instructors working in the areas of automotive and motor design engineering will also find summaries of industry events they weren't able to attend. The proceedings also offer valuable answers to the topical questions that concern assessors, researchers and developmental engineers in the automotive and supplier industry, as well as service providers.

Weitere Bände in der Reihe http://www.springer.com/series/13360

Ralph Mayer
Hrsg.

XXXVIII. Internationales μ-Symposium 2019 Bremsen-Fachtagung

XXXVIII. International μ-Symposium 2019 Brake Conference October 25th 2019, Düsseldorf/Germany Held by TMD Friction EsCo GmbH, Leverkusen

Springer Vieweg

Hrsg.
Ralph Mayer
Ingolstadt, Deutschland

ISSN 2198-7432   ISSN 2198-7440   (electronic)
Proceedings
ISBN 978-3-662-59824-5   ISBN 978-3-662-59825-2   (eBook)
https://doi.org/10.1007/978-3-662-59825-2

Die Deutsche Nationalbibliothek verzeichnet diese Publikation in der Deutschen Nationalbibliografie; detaillierte bibliografische Daten sind im Internet über http://dnb.d-nb.de abrufbar.

Verantwortlich im Verlag: Markus Braun

Springer Vieweg ist ein Imprint der eingetragenen Gesellschaft Springer-Verlag GmbH, DE und ist ein Teil von Springer Nature.
Die Anschrift der Gesellschaft ist: Heidelberger Platz 3, 14197 Berlin, Germany

Vorwort

Liebe Mitglieder des μ-Clubs und Gäste des μ-Symposiums,
sehr geehrte Leser unseres Tagungsbands,

vor 40 Jahren trafen sich auf Initiative von George Naoum erstmals Bremsen-
fachleute aus unterschiedlichen Institutionen zu einem gemeinsamen Erfahrungs-
austausch: die Geburtsstunde des μ-Clubs. Es ist kein Selbstzweck, dass die
Traditionsveranstaltung unter den Bremsenfachtagungen anlässlich dieses runden
Geburtstages sich an einem neuen Ort versammelt. Waren wir in der Vergangenheit trotz mancher Beiträge aus dem Bereich Luft- und Schienenfahrzeuge stets
auf das Automobil fokussiert, so hatten wir mit Bad Neuenahr eine Konstante, die
vornehmlich auch nur mit diesem gut erreichbar war. Vorträge, hieraus resultie-
rende Diskussionen und darüber hinaus geführte Fachgespräche mögen ebenso in
gedeihlicher Erinnerungen für die Weiterentwicklung der Bremsentechnik sein wie
manch individuelle Erfahrung nach dem Offiz. Die Classic Remise in Düsseldorf
soll künftig die Heimat des μ-Symposiums sein. Einst als Ringlokschuppen gebaut
und genutzt befinden wir uns im Umfeld der Automobilhistorie, wo vielleicht auch
manche technische Errungenschaft aus den Unternehmen und Institutionen der
Mitglieder im μ-Club der Nachwelt erhalten bleibt. Wir ziehen damit an einen für
die Fahrzeugtechnik würdigen Ort.

Es ist meinem Vorgänger Prof. Breuer zu verdanken, dass mit der Erweiterung
auf sechs Vorträge und der zweisprachigen Publikation ein international
anerkanntes Forum der Bremsentechnik geschaffen wurde. Dies zeigt auch das
große Interesse an unserem Tagungsband, der seit letztem Jahr sowohl in Print-
form als auch online verfügbar ist. Mehrere tausend Abfragen, ob einzelner Beiträge oder als Gesamtwerk, geben mittlerweile Zeugnis davon.

Auch 2019 widmet sich das μ-Symposium vielen Facetten aus dem Umfeld
von Bremssystemen. Die Problematik von Hitzerissbildung in Lkw-Bremsscheiben von der Ursache bis zur Prognose *(TU Darmstadt)* gehört dazu
wie auch die intensive Betrachtung der Bremsflüssigkeit hinsichtlich ihrer
Anforderungen und Leistungsfähigkeit *(Clariant)*. Hohe Aktualität bringen zwei
Beiträge mit sich, die eine Elektrifizierung von Einzelkomponenten aber auch des

Antriebsstrangs im Fokus haben: elektromechanische Aktuatoren bieten oftmals einen funktionellen Mehrwert gegenüber etablierter Technik, stellen aber auch eine Herausforderung im Bereich NVH dar *(ZF Group)*. Fast zeitgleich mit der Markteinführung erhält der µ-Club tieferen Einblick in das rekuperative Bremssystems eines neuen Elektrofahrzeugs *(Porsche)*. Analog zum Leitbild des Vereins Deutscher Ingenieure – VDI tragen wir als Beteiligte an der Forschung und Entwicklung zukünftiger Mobilität Verantwortung für Mensch, Natur, Umwelt und Gesellschaft. So ist es naheliegend, auch in diesem Jahr das Themenfeld Bremsemissionen zu berücksichtigen. Diesmal liegt der Schwerpunkt bei einer Differenzierung von Partikelmasse und –anzahl in Abhängigkeit verschiedener Reibmaterialien *(TMD Friction)*. Das Mobilitätsbedürfnis begleitet die Menschheit seit Anbeginn. Technischer Fortschritt eröffnet das Potenzial neuer Lösungen, welche wir an den Herausforderungen und Chancen von Lufttaxis zur Diskussion stellen *(CTC/Airbus)*.

Die jüngsten Veränderungen im µ-Club durch erweiterte Publikationsform und neuen Tagungsort sollen unserer Branche weiterhin bestmögliche Gelegenheit zur Weiterbildung und Vernetzung abseits mancher Zwänge und Zeitnot, die das Tagesgeschäft mit sich bringt, bieten. Wir wünschen allen Teilnehmern aus Industrie, Forschung und Bildung eine angenehme und zufriedenstellende Konferenz. Neben den Referenten gilt unser Dank an dieser Stelle für Planung und Organisation Frau Petito und Herrn Wagner für die redaktionelle Unterstützung.

Univ.-Prof. Dr.-Ing. Ralph Mayer   David Baines
Präsident µ-Club   CEO TMD Friction Group SA

Foreword

Dear members of the μ-Club and guests of the μ-Symposium,
dear conference programme reader,

40 years ago, at George Naoum's request, brake experts from various institutions met for the first time to exchange experiences: the μ-Club was born. The traditional event among the brake specialists' conferences on the 40th anniversary has moved to a new location. In the past, Bad Neuenahr was the constant in the automobile sector, but contributions to aircraft and rail industries were also made. Presentations, discussions, and expert talks will help foster the further development of brake technology from the diverse visitors who bring their experiences back to the office. The Classic Remise in Düsseldorf will be the new home of the μ-Symposium. When it was built, the building was used as a circular engine shed. Today, we find ourselves in the midst of automotive history, where technical achievements from the companies and institutions belonging to the μ-Club will be preserved for posterity. We're moving to a place worthy of automotive engineering.

It is thanks to my predecessor Prof. Breuer that we created an internationally recognized forum for brake technology, expanding to six lectures and a bilingual publication. Our conference programms, which have been available both in print and online since last year, have also attracted great interest. Thousands of queries, whether individual contributions or as a complete work, give proof to this.

In 2019, the μ-Symposium will again be dedicated to the many facets of braking systems. This includes the problem of heat cracks in brake discs for heavy-duty vehicles from cause to forecast *(TU Darmstadt)* as well as the intensive examination of the brake fluid with regard to its requirements and performance *(Clariant)*. Two contributions that focus on the electrification of individual components as well as the powertrain are particularly relevant: electromechanical actuation systems often offer functional added value compared to established technology, but also represent a challenge in the NVH sector *(ZF Group)*. Almost simultaneously with the market launch, the μ-Club will gain a deeper insight into the recuperative brake system of a new electric vehicle *(Porsche)*. In line with the mission statement of the Association of German Engineers (VDI), we, as participants in the research and development of future mobility, bear responsibility for people, nature, the environment and society. Therefore, it makes sense to consider the topic of brake emissions again this year. This time the focus is on a differentiation of particle mass and number depending on different friction materials *(TMD Friction)*. Humankind's need for mobility has existed since the beginning of history. Technical progress unlocks the potential of new solutions, which we will present for discussion in the light of the challenges and opportunities posed by air taxis *(CTC/Airbus)*.

The recent changes in the µ-Club as a result of the expanded publication form and new conference venue should continue to offer our industry the best possible opportunity for further training and networking beyond the pressures and time constraints of day-to-day business. We wish all attendees from industry, research and universities a pleasant and satisfying conference. In addition to the speakers, we would like to take this opportunity to thank Ms. Petito for the organisation and Mr. Wagner for his editorial support.

Professor Dr Ralph Mayer   David Baines
President µ-Club   CEO of TMD Friction Group SA

Inhaltsverzeichnis

Contents

Hitzerisse in Lkw-Bremsscheiben: Einflussfaktoren, Wirkzusammenhänge und Vorhersagemöglichkeiten

Sami Bilgic Istoc[✉] und Hermann Winner

TU Darmstadt, Darmstadt, Deutschland
bilgic@fzd.tu-darmstadt.de

Zusammenfassung. Das Auftreten von Hitzerissen verursacht häufig Verzögerungen in der Entwicklung neuer Bremssysteme für schwere Nutzfahrzeuge. Aufgrund zahlreicher Einflüsse und Wirkzusammenhänge ist die Widerstandsfähigkeit einer Bremsscheibe gegen Hitzerisse meist nicht vor der Erprobung auf dem Schwungmassenprüfstand vorhersagbar. Frühere Studien widmeten sich der Erprobung von Scheiben- und Belagmaterialien zur Unterdrückung des Risswachstums. In dieser Arbeit werden Ergebnisse eines Hitzerisstests vorgestellt, wobei ein umfangreicher Messtechnikaufbau eine tief gehende Beschreibung der zugrunde liegenden Effekte und Zusammenhänge ermöglicht, die schließlich zum Risswachstum führen. So wird der Einfluss von Gefügeumwandlungen, Hotbands, Hotspots und Welligkeit auf die Rissentstehung und das Risswachstum diskutiert. Hotspots verursachen Gefügeumwandlungen und thermische Schädigung der Reibfläche der Bremsscheibe, womit sie die Basis zur Rissöffnung legen. Demgegenüber hängt das Risswachstum bereits geöffneter Risse nicht mehr von der Anwesenheit eines Hotspots an der Rissposition ab. Stattdessen sind andere Effekte wie das Vorliegen konvexer Welligkeit bereits ausreichend. Schließlich werden die beschriebenen Wirkzusammenhänge genutzt um die Möglichkeiten zur Vorhersage von Hitzerissen zu diskutieren.

Schlüsselwörter: Hitzerisse · Bremsscheibe · Schwere Nutzfahrzeuge · Schwungmassenprüfstandsversuch

1 Einführung

Das Auftreten von Hitzerissen in Bremsscheiben verursacht häufig Probleme während der Entwicklung neuer Bremssysteme für schwere Nutzfahrzeuge. Der sogenannte Hitzerisstest besteht aus einigen hundert Bremszyklen, die wiederum aus einer 40-sekündigen Schleppbremsphase in Kombination mit einer Abkühlphase auf 50 °C bestehen. Er muss bestanden werden um ein Bremssystem mit neuer Reibpaarung freizugeben. Während des Tests muss die Bremsscheibe starken thermomechanischen

R. Mayer (Hrsg.): *XXXVIII. Internationales µ-Symposium 2019 Bremsen-Fachtagung,*
Proceedings, S. 1–16, 2019. https://doi.org/10.1007/978-3-662-59825-2_1

Beanspruchungen standhalten, die durch Hotspots und Hotbands bedingte, ungleich-mäßige Erwärmung entstehen. Die entstandenen Wärmespannungen verursachen plastische Deformationen, wodurch nach wenigen Hitzerisszyklen bereits Haarrisse entstehen. Jene Haarrisse wachsen in jedem Hitzerisszyklus, wodurch am Ende des Hitzerisstests meist die gesamte Reibfläche mit Hitzerissen überzogen ist. Dennoch führt nur ein Durchriss, also ein Riss der bis in den Kühlkanal hineingewachsen ist, zum Nicht-Bestehen des Tests. Da manche Bremsscheiben den Test mit zahlreichen langen Rissen bestehen und andere mit möglicherweise geringerer Rissanzahl wegen eines unter Umständen kürzeren Durchrisses nicht bestehen, ist der Ausgang des Hitzerisstests normalerweise nicht vorhersagbar.

Frühere Untersuchungen hatten meist einen Schwerpunkt auf den Bremsbelag und das Scheibenmaterial gelegt. So wurde festgestellt, dass Beläge mit niedriger Kompressibilität [1] sowie niedriger Wärmeleitfähigkeit generell Risswachstumsra-ten steigern können [2]. Dabei wird angenommen, dass eine niedrige Belagkompres-sibilität die Hotspotbildung und damit thermomechanische Spannungen verstärkt. Demgegenüber glättet hohe Wärmeleitfähigkeit des Belags wahrscheinlich die Tem-peraturverteilung auf der Reibfläche der Bremsscheibe, wodurch die Intensität der Hotspots reduziert wird. Weiterhin wurden viele Legierungen getestet, um ein mög-lichst hitzerissresistentes Material zu finden. Als Ergebnis lagen einige Überlegun-gen zu Legierungselementen vor, die die Rissbildungsneigung reduzieren sollten, wie beispielsweise Nickel [3]. Ferner wurde beobachtet, dass die Struktur der Graphitaus-scheidungen die Rissentstehung und das Risswachstum beeinflusst, da Graphitlamel-len Risse durch das Materialgefüge weiterleiten [4–6]. Dabei ist jedoch zu beachten, dass Graphitlamellen eine hohe Wärmeleitungsfähigkeit aufweisen und damit eben-falls zu einer gleichmäßigeren Wärmeverteilung in der Bremsscheibe beitragen.

Erschwerend kommt jedoch hinzu, dass die exakte Materialzusammensetzung von Bremsscheibe und Bremsbelag in der Serienproduktion nicht konstant gehalten wer-den kann, was zu Streuungen im Ergebnis des Hitzerisstests über Produktionschargen hinweg führt. Aus diesem Grund wird in unseren Untersuchungen ein Schwerpunkt auf den Einfluss der Scheibengeometrie gelegt, die auch in der Serienproduktion weit-gehend konstant bleibt. So wurde bereits der Einfluss von Welligkeit (engl. side-face runout, SRO) und Dickenschwankungen (engl. disc thickness variation, DTV) auf die Rissbildung identifiziert [7]. Weiterhin wurde ein neues Wirkmodell vorgestellt, dass die Hitzerissbildung in Bremsscheiben erklärt, indem ein Überblick über die zugrunde liegenden Effekte gegeben wird [8]. In diesem Beitrag liegt der Fokus auf der Wirk-kette von der Hotspotbildung zur Rissbildung. In diesem Kontext wurden bereits einige Untersuchungen von anderen Autoren durchgeführt. Die grundlegende Wirk-kette wurde so bereits einschließlich des Auftretens von Hotspots und Rissbildung an derselben Position beschrieben [9–11]. Ebenso existieren verschiedene Modellvorstel-lungen über die Entstehung von Hotspots [12, 13]. Le Gigan et al. haben festgestellt, dass das Verharren von Hotspots an einer Stelle auf der Reibfläche die Rissbildung an dieser Stelle verstärkt [14]. In diesem Kontext wird ebenfalls angenommen, dass Gefügeumwandlungen einen Einfluss auf die Hitzerissbildung in Bremsscheiben haben [15]. Allerdings konnten die Ergebnisse dieser Untersuchungen nicht verall-gemeinert werden und in keiner der Untersuchungen wurde bisher eine umfassende Wirkkette ausgehend von Scheibenverformung über die Bildung von Hotspots und dem Auftreten von Gefügeumwandlungen bis hin zur Rissbildung konstruiert.

Entsprechend werden für diesen Beitrag Forschungsfragen abgeleitet: die erste Forschungsfrage widmet sich der Scheibenoberflächentopologie, einschließlich SRO und DTV. Die zweite Forschungsfrage behandelt den Einfluss von Hotspots und Hot-bands, insbesondere deren räumliche und zeitliche Verteilung. Die dritte Forschungs-frage zielt auf den Einfluss von Gefügeumwandlungen und deren Wechselwirkung mit Hotspots und Hotbands. Schließlich wird mit der letzten Forschungsfrage die Verbin-dung der vorherigen Effekte zur Rissbildung hergestellt.

2 Methoden

Um die zuvor beschriebenen Forschungsfragen zu beantworten wird ein umfangrei-cher Messtechnikaufbau mit numerischen Methoden kombiniert. Das Verhalten der Bremsscheibe wird während des Schwungmassenprüfstandsversuchs durch Messung der Scheibenverformung, -oberflächentemperatur und des Rissmusters überwacht. Gefügeumwandlungen werden in Werkstoffuntersuchungen nachgewiesen. Schließ-lich ermöglichen numerische Methoden die Analyse des Spannungszustands nicht nur auf der Reibfläche, sondern auch in den Reibringen der Bremsscheibe.

2.1 Versuche auf dem Schwungmassenprüfstand

Der Hitzerisstest wird auf dem Schwungmassenprüfstand durchgeführt um die Wie-derhol- und Vergleichbarkeit zwischen unterschiedlichen untersuchten Reibpaarungen zu gewährleisten. Die Temperaturverteilung auf den Reibflächen der Scheibe wird dabei mithilfe einer Thermographiekamera ausgewertet, die im Zeilenmodus arbei-tet. Um die Genauigkeit der Emissionsgrad-abhängigen Thermographiekameramessung zu überprüfen, werden ein Pyrometer zwei Thermoschleifelemente eingesetzt. Hitzerisse werden mit einem Wirbelstromrissdetektionsgerät erkannt, das an der TU Darmstadt entwickelt wurde [16]. Es scannt die Reibfläche in Ringen bei einer Abtas-trate von 20.000 Samples pro Umdrehung. Schließlich wird die Scheibenverformung über einen Satz kapazitiver Wegsensoren auf beiden Seiten radial innen, mittig und außen überwacht.

Die Thermographiekamera generiert ein je ein Bild der Temperaturverteilung $T(r, \varphi)$ pro Umdrehung der Bremsscheibe während der Bremsung, das die Analyse der Hotband und Hotspotverteilung ermöglicht (Abb. 1 links). Zur weiteren Auswer-tung werden die Bilder aller Hitzerisszyklen (N) durch Maximumsuche in Muster-darstellungen (Abb. 1 rechts) überführt, was die Wanderungsbewegung der Hotspots $T_{max}(\varphi, N)$ visualisiert und den Vergleich mit Musterdarstellungen anderer Messgrö-ßen ermöglicht.

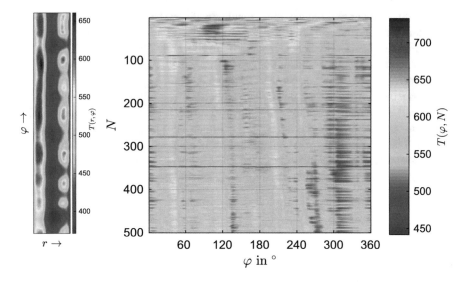

Abb. 1. Thermographiebild (links), generiert von der Thermographiekamera, mit zwei Hotbands und mehreren Hotspots auf der Reibfläche in Polarkoordinaten; Musterdarstellung der maximalen Temperaturen (rechts), generiert durch Kombination der maximalen Hotspottemperaturen jedes einzelnen Thermographiebildes

Durch das Abscannen beider Reibflächen der Bremsscheibe nach jeder Abkühl-phase werden Hitzerisse erkannt und ein Rissbild (Abb. 2) durch Verbindung der erkannten Fehlstellen erstellt. Zusätzlich werden aus den Daten des Rissmessgeräts Musterdarstellungen zum Vergleich mit Temperatur- und Verformungsmustern gene-riert. Die Länge jedes einzelnen Risses kann dabei individuell während des gesamten Hitzerisstests nachverfolgt werden.

Schließlich wird die Scheibenverformung auf Mikrometerebene mithilfe der kapa-zitiven Sensoren erfasst. Die hohe Abtastrate von 10 kHz ermöglicht dabei nicht nur die Auswertung der Scheibenschirmung, sondern auch von SRO und DTV. Da SRO und DTV mit der Hotspot- und Rissbildung zusammenwirkt [7], werden SRO- und DTV-Muster zusammen mit Spektrogrammen dieser Größen (Abb. 3) ausgewertet. In diesem Beitrag werden Auswertungen von SRO- und DTV-Mustern vorgestellt, die an radial mittiger Position gemessen wurden.

2.2   Werkstoffuntersuchungen

Zur Erkennung von Gefügeumwandlungen, werden an Proben von ausgewählten Rei-bringpositionen Schliffbilder erstellt. Dies ermöglicht die Auswertung der Umwand-lungstiefe im Verhältnis zur Hotspot- oder Rissposition. Die Umwandlungstiefe wird als Maß für den Umfang der thermischen Schädigung gesehen, die die Grundlage für die Entstehung von Haarrissen bildet.

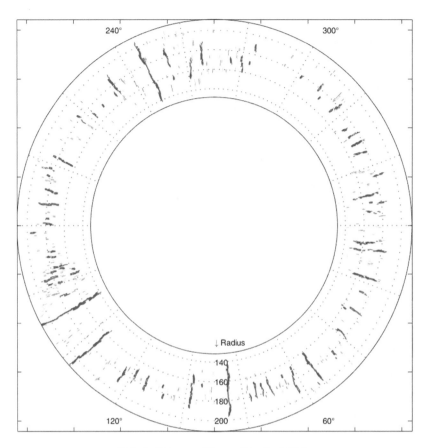

Abb. 2. Erkannte Risse auf der Reibfläche

2.3 Numerische Methoden

Da die Messung von Spannungen auf der Reibfläche während des Hitzerisstests auf dem Schwungmassenprüfstand nur schwer möglich ist, werden numerische Methoden angewandt um den Spannungszustand auf den Reibflächen und in der Bremsscheibe auszuwerten. Die Ergebnisse wurden bereits in einer früheren Studie der Autoren dieses Beitrags veröffentlicht [17]: Hotspots und Hotbands verursachen Druckspannungen in Umfangsrichtung, die sich während der Abkühlung in Zugeigenspannungen umwandeln und schließlich Risse induzieren. Außerdem wurde gezeigt, dass sich die Zugeigenspannungen in einem Band in radial mittiger Position auf den Reibflächen konzentrieren, weshalb die Auswertung der Scheibenverformung im nächsten Kapitel an radial mittiger Position erfolgt.

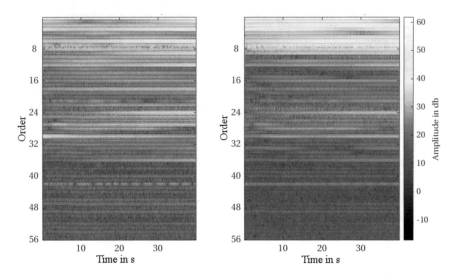

Abb. 3. Spektrogramm von DTV (links) und SRO (rechts) während einer 40-sekündigen Hitzerisstestbremsung

3   Ergebnisse

In diesem Kapitel werden Ergebnisse von einem Hitzerisstest mit einer neu designten Bremsscheibe vorgestellt. Die Scheibe bestand den Test, indem 500 Zyklen ohne das Auftreten eines Durchrisses ertragen wurden. Diverse Effekte wurden mit dem beschriebenen Messtechnikaufbau beobachtet, die einen Beitrag zur Beantwortung der in diesem Beitrag formulierten Forschungsfragen leisten. Die Auswertung konzentriert sich auf die Rückenseite der Bremsscheibe, da diese Seite in der Regel stärkeres Risswachstum aufgrund der Halsanbindung aufweist.

3.1   Risswachstum

Die Entwicklung aller während des gesamten Hitzerisstests aufgezeichneten Risslängen ist in Abb. 4 gezeigt. Da Risswachstum nicht bereits im ersten Zyklus stattfindet, werden die ersten Risse vom Rissdetektionsgerät erst nach dem 51. Hitzerisszyklus erkannt. Es sei angemerkt, dass der Versuch nach den ersten 50 Zyklen zur Scheibeninspektion unterbrochen wurde. Offenbar haben sich die ersten Risse während dieser Pause geöffnet. Daraufhin ist die gesamte Reibfläche mit kleinen Rissen überzogen. Während rissfreie Zonen und rissbehaftete Zonen sich abwechseln, treten die längsten Risse in einem Gebiet bei $220° < \varphi < 260°$ auf. Ein einzelner langer Riss öffnet sich bei $\varphi = 226°$ direkt nach dem 51. Hitzerisszyklus, der, neben drei anderen Rissen die eng beieinander in diesem Gebiet liegen, der längste Riss im Laufe des Versuchs wird (vgl. Abb. 5). Seine Länge erreicht ungefähr 50 mm, was möglicherweise eine Art Sättigungslänge für Risse in diesem Gebiet darstellt, da die Risswachstumsraten der vier längsten Risse degressiv sind. Die maximale Risslänge ist durch die Reibringbreite von 85 mm beschränkt.

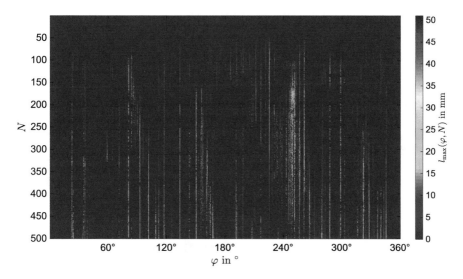

Abb. 4. Risswachstumsmuster der Rückenseite

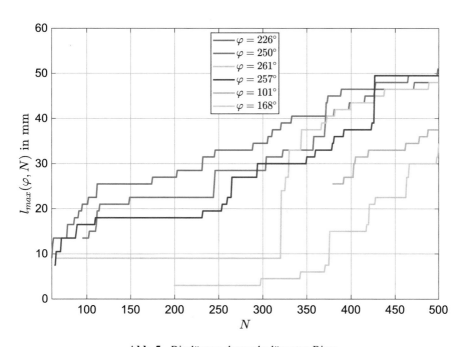

Abb. 5. Risslängen der sechs längsten Risse

Einige kleinere Risse öffnen sich generell in Gruppen nah beieinanderliegend, bspw. bei $\varphi \geq 80°$, $\varphi \geq 155°$ und $\varphi \geq 245°$. In diesen Bereichen ist eine langsame Wanderungsbewegung der Rissöffnungsgebiete sichtbar, wobei bei $\varphi \geq 80°$ und $\varphi \geq 155°$ eine Wanderungsbewegung nach rechts, also in Drehrichtung und für $\varphi \geq 245°$ eine Wanderungsbewegung nach links, also gegen die Drehrichtung der Scheibe auftritt. Die kleinsten Risse in diesen Gebieten schließen sich auch entsprechend der Wanderungsrichtung nacheinander, folglich korreliert das Schließungs- mit dem Öffnungsmuster.

Weiterhin liegen die Rissöffnungsgebiete, sowie die Gebiete, in denen eine große Anzahl kleinerer, geöffneter Risse auftritt, an den Positionen, wo auch Hotspots auftreten (Abb. 6). Entgegen der Beobachtungen von [14] wächst der große Riss bei $\varphi = 226°$ selbst nach dem Vorüberziehen des Hotspots von der Rissposition beständig weiter. Dennoch stimmen die Gebiete, in denen starkes Risswachstum auftritt, mit den Gebieten überein, in denen stark konvexes SRO im heißen Zustand (vgl. Abb. 7) und eng begrenzte DTV im kalten Zustand (vgl. Abb. 8) auftritt, was mit den Ergebnissen aus [7] übereinstimmt.

Die Länge des Risses bei $\varphi = 261°$ verdreifacht sich nahezu nach $N \geq 320$. Dies liegt daran, dass sich zwei kürzere Risse verbinden und deutet nicht auf extreme Risswachstumsraten hin.

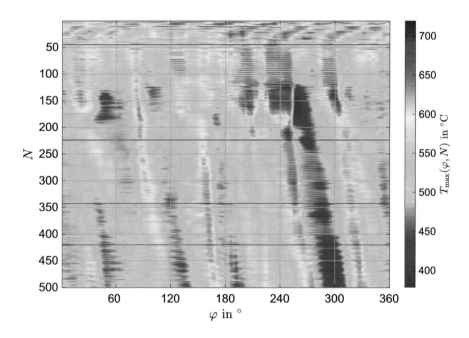

Abb. 6. Hotspot-Muster der Rückenseite mit 7 Hotspots, die während der ersten 50 Zyklen schnell in Umfangsrichtung über die Reibfläche wandern und später durch fixierte und langsam wandernde Hotspots ersetzt werden

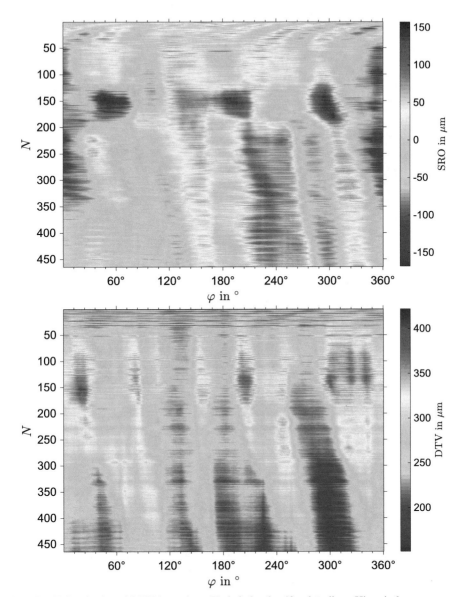

Abb. 7. SRO (oben) und DTV (unten) am Ende jeder der 40-sekündigen Hitzerissbremsungen, also im heißen Zustand jeweils an radial mittiger Position ausgewertet. Hohe Werte entsprechen einer konvexen Verformung der rückenseitigen Reibfläche der Bremsscheibe

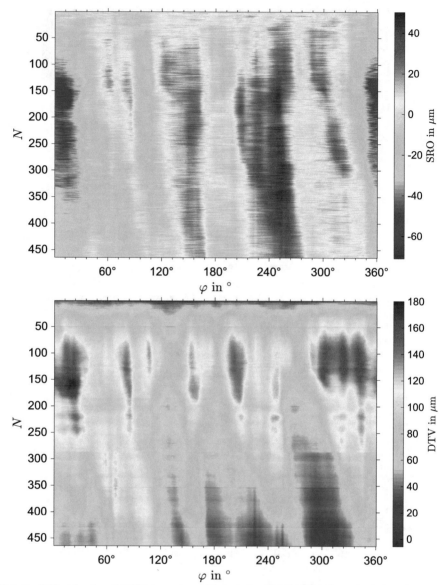

Abb. 8. SRO (oben) und DTV (unten) am Ende jeder Abkühlphase bzw. im kalten Zustand ausgewertet

3.2 Hotspot-Migration

Durch Auswertung der maximalen Temperaturen wird das Hotspot-Muster (Abb. 6) generiert. Es zeigt eine rasche Wanderungsbewegung von 7 Hotspots während der ersten 50 Hitzerisszyklen. Offenbar bedingt diese schnelle Wanderung nicht unmittelbar Risswachstum, da die ersten Risse erst anfangen zu wachsen, nachdem die Wanderungsbewegung gestoppt ist. Trotzdem unterliegt die gesamte Reibfläche während der ersten 50 Zyklen einer thermischen Schädigung, die durch die schnell wandernden Hotspots bedingt ist. Dieser Zusammenhang wird in Abschn. 4.1 näher erläutert. Das Hotspot-Muster korreliert stark mit dem SRO-Muster im heißen Zustand (Abb. 7). Ferner korreliert es ansatzweise mit dem DTV-Muster im heißen Zustand. Nach der Abkühlung korrelieren die Muster generell weniger, besonders das DTV-Muster (Abb. 8). Nach der Fixierung der Hotspots ($N \geq 50$), bilden sich drei besonders breite und heiße Hotspots an den Positionen $\varphi = 195°$, $\varphi = 240°$ und $\varphi = 300°$ heraus. Die Positionen dieser Hotspots stimmen teilweise mit denen der Rissöffnungsgebiete überein. Dennoch scheinen Hotspots keine notwendige Bedingung für starkes Risswachstum bereits geöffneter Risse darzustellen. Nach $N \geq 200$, wenn die Hotspots um $\varphi = 226°$ verschwunden sind oder weitergezogen sind, wächst der Riss an dieser Position immer noch, sogar im Vergleich zur zwischen $100 \leq N \leq 200$ mittleren Risswachstumsrate erhöhter Risswachstumsrate weiter (vgl. auch Abb. 4 und 5). Ferner konzentriert der Riss die Wärme in diesem Gebiet und erzeugt somit eine Art Mikro-Hotspot um sich selbst, was wiederum mit den Beobachtungen von [14] übereinstimmt.

Ein Gebiet um $\varphi = 280°$ bleibt überdurchschnittlich kühl. Dieses Gebiet wandert langsam und gleichartig zu der langsamen Wanderungsbewegung der Hotspots während des gesamten Tests. Die Bremsscheibe ist ebenfalls dünner (niedriger DTV-Wert) in diesem Gebiet, was möglicherweise die niedrigen Temperaturen erklärt. Trotzdem scheint das Fehlen von hohen Temperaturen nicht das Risswachstum bereits geöffneter Risse in diesem Gebiet zu unterbinden.

Generell werden bis zu 700 °C in Hotspot-Gebieten gemessen, was, insbesondere unter der Annahme, dass die Temperaturen in der Reibzone unter dem Bremsbelag nochmals einige hundert Grad höher liegen, ausreichend für Gefügeumwandlungen ist.

3.3 SRO/DTV

Abb. 7 zeigt das SRO- (oben) und DTV-Muster (unten) der Bremsscheibe, gemessen im heißen Zustand, also am Ende jeder Bremsung. Insgesamt ähneln die SRO- und DTV-Muster denen früherer Untersuchungen [7, 8]. Während das Muster konvexen SROs dem Hotspot-Muster in Bezug auf Wanderungsbewegung und Ansammlung von Gebieten mit hoher Oberflächentemperatur ähnelt, scheint konvexe DTV bis auf die Zone bei $\varphi = 300°$, wo die Bremsscheibe im relativ dünn ist, weniger stark mit der Hotspotentstehung verbunden zu sein. Im Gegensatz zum Hotspot-Muster bleibt SRO in dem Gebiet um $\varphi = 226°$ verhältnismäßig hoch, wo einer der längsten Risse wächst. Im SRO-Muster im heißen Zustand ist ebenfalls eine Verschiebung gegen die Drehrichtung zwischen $125 < N < 175$ sichtbar, die in den anderen Musterdarstellungen nicht erkennbar ist und derzeit nicht erklärt werden kann. Nicht einmal das SRO-Muster im kalten Zustand zeigt irgendein Anzeichen dieser Verschiebung. Allerdings ist im Hotspot-Muster eine kühle Zone um $\varphi = 60°$ herum in den Zyklen sichtbar, in denen die Verschiebung auftritt.

Sowohl die SRO- als auch die DTV-Amplitude ist im heißen Zustand zwei bis dreimal so hoch wie im kalten Zustand. Das bedeutet, dass die Bremsscheibe sich sowohl thermisch ausdehnt, was sich im Anstieg der DTV äußert, aber gleichzeitig weniger steif im Hinblick auf ihre Verwellungssteifigkeit gegen SRO wird. Zudem nehmen die DTV-Amplituden im Lauf des Tests ab, die Bremsscheibe schrumpft also. Die SRO-Amplitude nimmt im Laufe des Tests nicht ab, sondern eher zu.

Nach ungefähr der Hälfte des Tests werden die längsten Risse in allen Deformations-Mustern sichtbar. Das bedeutet, dass sich die Risse im heißen Zustand selbst unter hohen Druckspannungen nicht schließen, zumindest nachdem eine bestimmte Rissbreite erreicht wurde.

3.4 Gefügeumwandlungen

Da die gemessenen Temperaturen in Hotspot-Gebieten ausreichend hoch für Gefügeumwandlungen sind, werden Schliffbilder zur Erkennung derselben ausgewertet. Abb. 9 zeigt das Schliffbild einer Region, in der ein Hotspot über mehrere 100 Zyklen hinweg aufgetreten ist. Das Schliffbild wurde von einer anderen als der zur Erzeugung der Musterdarstellungen in diesem Beitrag verwendeten Bremsscheibe angefertigt. Insgesamt wurden vier Schliffbilder erstellt, in denen Gefügeumwandlungen mit einer Tiefe von 0 bis 800 µm gemessen wurden. Allerdings variiert die Tiefe der in Abb. 9 dargestellten Gefügeumwandlungen stark zwischen 0 und 204 µm auf einer Distanz von weniger als 1 mm. Das vormals hauptsächlich perlitische Gefüge wird zu Ferrit und Zementit umgewandelt [8].

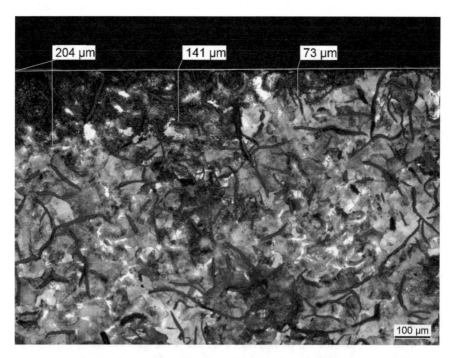

Abb. 9. Nah beieinanderliegende Gefügeumwandlungen unterschiedlicher Tiefe an der Reibringoberfläche

4 Diskussion

4.1 Einflüsse und Wirkzusammenhänge

Die in dem vorherigen Abschnitt beschriebenen Ergebnisse indizieren, dass verschiedene Einflüsse die Rissöffnung initiieren und das Risswachstum beschleunigen.

Die Öffnung der ersten Risse tritt nach 50 Hitzerisszyklen auf. Davor wandern 7 harmonische Hotspots über die gesamte Reibfläche. Die Hotspottemperaturen sind ausreichend hoch um Gefügeumwandlungen auszulösen. Diese sind in den Hotspotregionen auch nachgewiesen. Die Umwandlungstiefe variiert lokal stark über 100 μm pro mm. Dies indiziert, dass die Hotspots nicht notwendigerweise gleichmäßig über die Hotspotzone verteilt die Bremsscheibe thermisch schädigen, so wie sie auf der Thermographiekamera in elliptischer Form erscheinen. Wahrscheinlich bestehen Hotspots eher aus verstreuten Mikro-Hotspots, die die Reibfläche verteilt thermisch schädigen. Es wird angenommen, dass diese Hotspots hauptsächlich die Rissöffnung auslösen, da die Hotspot-Muster mit den Gebieten, in denen sich Risse öffnen, übereinstimmen. Gleichzeitig wird Rissschließen überall dort beobachtet, wo ein Hotspot eine Rissöffnungszone verlässt. Aufgrund der Pause zur Inspektion der Bremsscheibe nach den ersten 50 Hitzerisszyklen, öffnen sich auf der gesamten Reibfläche an radial mittiger Position Risse und werden für das Rissmessgerät sichtbar. Dies stimmt mit den Ergebnissen der numerischen Untersuchung überein, die eine Konzentration der Zugeigenspannung in Form eines „Spannungsbandes" in radial mittiger Position prädiziert.

Weiterhin scheinen Hotspots im Allgemeinen eher durch SRO als durch DTV hervorgerufen zu werden, da das Hotspot-Muster eher mit dem SRO-Muster als mit dem DTV-Muster übereinstimmt. Dies steht teilweise im Gegensatz zu den Erkenntnissen anderer Autoren. Die Abwesenheit eines Hotspots verhindert nicht das Wachstum eines Risses, da der bei $\varphi = 226°$ erkannte Riss nach Vorüberziehen des Hotspots weiter und sogar schneller wächst. Dennoch ist stark konvexer SRO an der Rissposition vorhanden, was das Risswachstum ebenso wie die Anwesenheit eines Hotspots beschleunigen könnte. Im Allgemeinen stimmen die Gebiete, an denen auf dem Reibring besonders viele Risse auftreten, mit den Positionen konvexen SROs überein, was indiziert, dass Risswachstum hauptsächlich durch SRO beschleunigt wird. Dies bestätigt die Ergebnisse, die die Autoren dieses Beitrags im Rahmen einer früheren Untersuchung vorgestellt haben [7].

Nachdem eine bestimmte Risslänge erreicht wurde, wachsen Risse im Verlauf des Tests weiter. Trotzdem sind Risswachstumsraten meist degressiv, vermutlich aufgrund von zwei Ursachen: Einerseits entstehen Risse auf radial mittiger Position des Reibrings, wo die größten Zugspannungen auftreten. Nachdem sie aus dem „Spannungsband" herausgewachsen sind, sind die Zugspannungen an den Rissspitzen niedriger und die Risswachstumsraten gehen zurück. Andererseits bedingt die Öffnung und das Wachstum von Rissen eine Entspannung auf der Reibfläche, was niedrigere Risswachstumsraten der längsten Risse im Verlauf des Tests bedingen würde.

Zusammenfassend werden Risse durch thermische Schädigung durch Hotspots und Gefügeumwandlungen hervorgerufen und geöffnet. Hotspots selbst werden hauptsächlich durch SRO hervorgerufen, was selbst allein ausreichend ist um Risswachstum von Rissen, die eine bestimmte Länge erreicht haben, aufrecht zu erhalten, sogar wenn ein Hotspot an der jeweiligen Rissposition nicht auftritt (Abb. 10).

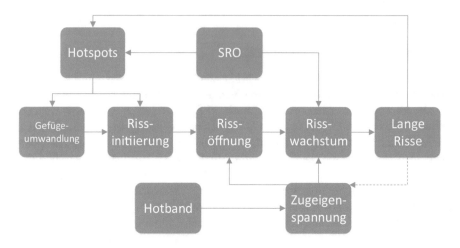

Abb. 10. In diesem Beitrag abgeleitete Wirkkette und Einflüsse auf das Risswachstum

4.2 Vorhersagemöglichkeiten

Da nun einige Einflussfaktoren und Wirkzusammenhänge identifiziert wurden, ist der nächste Schritt die Vorhersage des Auftretens von Hitzerissen für bestimmte Bremsscheibendesigns. Der Hitzerisstest ist ein kosten- und zeitintensiver Test, der idealerweise von Prototypen im ersten Anlauf bestanden werden sollte. Optimalerweise sollten numerische Modelle deshalb in der Lage sein, den Ausgang des Tests noch vor der experimentellen Durchführung vorherzusagen.

Um ein valides numerisches Modell mit Vorhersagefähigkeiten zu implementieren, müssen alle Einflüsse auf das Risswachstum berücksichtigt werden. Wie die im vorherigen Kapitel beschriebene Wirkkette vermuten lässt, ist das Risswachstum unter anderem mindestens von der Entwicklung von Hotspots, Hotbands, Zugeigenspannungen und SRO abhängig. Zugeigenspannungen können durch valide, für Grauguss entworfene Materialmodelle berechnet werden. Einige Autoren haben solche Modelle in der Vergangenheit vorgestellt. Während das Auftreten von Hotspots und Hotbands im Allgemeinen Mustern, die auch schon in anderen Untersuchungen identifiziert wurden, folgt, indizieren die in diesem Beitrag vorgestellten Ergebnisse, dass durch Hotspots hervorgerufene Gefügeumwandlungen weitaus verstreuter und auch lokal variierender auftreten als die einfache Näherung einer elliptischen Überhitzungszone valide vermuten lässt. Derselbe Umstand gilt für die Amplitude des SRO, die stark von der im Gießprozess erreichten Genauigkeit abhängt, neben anderen durch das Bremsscheiben- und Belagmaterial bedingten Streuungen der jeweiligen Charge. Dies macht eine exakte quantitative numerische Vorhersage des Ergebnisses des Hitzerisstests nur schwer möglich.

Trotzdem ist ein qualitativer Vergleich des Risswiderstands verschiedener Bremsscheibendesigns möglich. Um dies zu erreichen, muss die Tendenz des jeweiligen Bremsscheibendesigns die hier gezeigten Einflüsse zu mindern, abgeschätzt werden.

5 Fazit und Ausblick

In diesem Beitrag wurde eine Wirkkette vom Auftreten von Hotspots, Hotbands, SRO und Gefügeumwandlungen bis hin zum Risswachstum formuliert. Teilweise im Widerspruch zu früheren Untersuchungen ist das Risswachstum nicht direkt von dem Auftreten eines Hotspots an der Rissposition abhängig. Vielmehr scheint das Auftreten stark konvexen SROs die Risswachstumsgeschwindigkeit von Rissen, die bereits eine bestimmte Länge erreicht haben, zu beschleunigen. Die Wanderungsbewegung von Hotspots wurde ebenso beschrieben. Diese wandern während der ersten 50 Hitzerisszyklen rasch entgegen der Drehrichtung der Bremsscheibe über die gesamte Reibfläche. Danach findet eine Fixierung statt, die gleichzeitig mit der Öffnung von Rissen an den Hotspotpositionen auftritt. Die darauffolgende langsame Hotspotbewegung bestimmt die Rissöffnungs- und Schließungszonen während der übrigen Testzyklen. Es wurde festgestellt, dass Risswachstumsraten degressiv sind und Risse solange länger werden, bis sie aufgrund der Konzentration von Spannungen in Umfangsrichtung oder durch Rissöffnung bedingte Entspannung eine Art Sättigungslänge erreichen.

Weiterhin wurden die Vorhersagemöglichkeiten der Rissbildungsneigung von neuen Bremsscheibendesigns bewertet. Während die quantitative Vorhersage des Ausgangs des Hitzerisstests nur schwer möglich ist, scheint ein qualitativer Vergleich verschiedener Designs unter dem Einsatz numerischer Modelle möglich. Dies sollte Gegenstand zukünftiger Untersuchungen sein und in großem Umfang den Testaufwand und die Entwicklungskosten neuer Bremssysteme reduzieren.

Eine weitere Forschungsfrage adressiert die Vorhersage des Ergebnisses des Hitzerisstests noch während dieser läuft. Dies würde den Testaufwand ebenfalls reduzieren. Für diese Art der Vorhersage könnten statistische Größen auf der Datenbasis früherer Tests genutzt werden, die beispielsweise die im Verlauf des Tests üblicherweise degressiven Risswachstumsraten zugrunde legen. Weitere Einflüsse auf das Risswachstum wurden in einem anderen Beitrag der Autoren diskutiert [18].

Literatur

1. Brezolin A, Soares MRF (2007) Influence of friction material properties on thermal disc crack behavior in brake systems. In: Influence of friction material SAE Brasil 2007 congress and exhibit. SAE international, Warrendale, PA, United States
2. Kim D-J, Lee Y-M, Park J-S, Seok C-S (2008) Thermal stress analysis for a disk brake of railway vehicles with consideration of the pressure distribution on a frictional surface. Mater Sci Eng, A 483–484:456–459. https://doi.org/10.1016/j.msea.2007.01.170
3. Yamabe J, Takagi M, Matsui T, Kimura T, Sasaki M (2003) Development of disc brake rotors for heavy- and medium-duty trucks with high thermal fatigue strength. In: International truck & bus meeting & exhibition, Fort Worth, 2003
4. Lim C-H, Goo B-C (2011) Development of compacted vermicular graphite cast iron for railway brake discs. Met Mater Int 17(2):199–205. https://doi.org/10.1007/s12540-011-0403-x

5. Collignon M, Cristol A-L, Dufrénoy P, Desplanques Y, Balloy D (2013) Failure of truck brake discs. A coupled numerical – experimental approach to identifying critical thermomechanical loadings. Failure of truck brake discs. Tribol Int 59:114–120. https://doi.org/10.1016/j.triboint.2012.01.001

6. Cristol A, Collignon M, Desplanques Y, Dufrénoy P, Balloy D, Regheere G (2014) Improvement of truck brake disc lifespan by material design. In: Transport research, Arena, Paris 2014

7. Bilgic Istoc S, Winner H (2018) The influence of SRO and DTV on the heat crack propagation in brake discs. In: EB2018-FBR-003 Eurobrake 2018

8. Bilgic Istoc S, Winner H (2018) A new model describing the formation of heat cracks in brake discs for commercial vehicles. In: 36th SAE brake colloquium 2018. SAE international

9. Dufrénoy P, Bodovillé G, Degallaix G (2002) Damage mechanisms and thermomechanical loading of brake discs. In: Petit J, Rémy L (Hrsg) Temperature-fatigue interaction. SF2M, Bd 29. Elsevier, London, S 167–176

10. Gao CH, Huang JM, Lin XZ, Tang XS (2007) Stress analysis of thermal fatigue fracture of brake disks based on thermomechanical coupling. J Tribol 129(3):536. https://doi.org/10.1115/1.2736437

11. Rashid A, Stromberg N (2013) Sequential simulation of thermal stresses in disc brakes for repeated braking. Proc Inst Mech Eng Part J J Eng Tribol 227(8):919–929. https://doi.org/10.1177/1350650113481701

12. Sardá A (2009) Wirkungskette der Entstehung von Hotspots und Heißrubbeln in Pkw-Scheibenbremsen. Dissertation, Technische Universität Darmstadt

13. Steffen T, Bruns R (1998) Hotspotbildung bei Pkw-Bremsscheiben. ATZ Automobiltech Z 100(6):408–413. https://doi.org/10.1007/bf03221499

14. Le Gigan G, Vernersson T, Lunden R, Skoglund P (2015) Disc brakes for heavy vehicles. An experimental study of temperatures and cracks. Disc brakes for heavy vehicles. Proc Inst Mech Eng Part D J Automobile Eng 229(6):684–707. https://doi.org/10.1177/0954407014550843

15. Poeste T (2005) Untersuchungen zu reibungsinduzierten Veränderungen der Mikrostruktur und Eigenspannungen im System Bremse. Mikrostruktur und Eigenspannungen. Dissertation, Technische Universität Berlin

16. Wiegemann S-E, Fecher N, Merkel N, Winner H (2016) Automatic heat crack detection of brake discs on the dynamometer: EB2016-SVM-057. In: Eurobrake 2016

17. Bilgic Istoc S, Winner H (2018) Simulationskonzept zur Vorhersage der Hitzerissbildung bei Lkw-Bremsscheiben auf dem Schwungmassenprüfstand. In: VDI-Gesellschaft Fahrzeug- und Verkehrstechnik (Hrsg) 19. VDI-Kongress SIMVEC – Simulation und Erprobung in der Fahrzeugentwicklung. Baden-Baden, 20. und 21. November 2018. VDI Verlag GmbH, Düsseldorf, S 571–584

18. Bilgic Istoc S, Winner H (2018) Heat cracks in brake discs for heavy vehicles. Automot Engine Technol 59:114. https://doi.org/10.1007/s41104-018-0027-y

Bremsflüssigkeiten – erstklassige Leistungsfähigkeit für heute und morgen

Verena Feldmann[✉]

Clariant Produkte (Deutschland) GmbH, Gendorf, Deutschland
verena.feldmann@clariant.com

1 Einleitung

Die Bremsflüssigkeit ist ein wichtiges sicherheitsrelevantes Element für das Bremssystem im Kraftfahrzeug. Sie dient als Medium der Kraftübertragung in Bremssystem und Kupplung. In der hydraulischen Bremsanlage wird die erzeugte Kraft vom Hauptbremszylinder zu den einzelnen Radbremszylindern übertragen. Für die sichere Funktion des Bremssystems sind die Eigenschaften der Bremsflüssigkeit von großer Bedeutung [1].

Anforderungen an Bremsflüssigkeiten sind vielfältig und variieren zum Teil stark, da es unterschiedliche Anwendungsgebiete gibt, wie Kleinfahrzeuge, schwere SUV und Nutzfahrzeuge oder Rennfahrzeuge [1, 2].

Wesentliche Anforderungen sind:

- Hoher Siedepunkt und Nasssiedepunkt
- Günstiger Viskositäts-Temperatur Index
- Geringe Kompressibilität
- Guter Korrosionsschutz
- Günstige Schmiereigenschaften und Geräuschverhalten
- Verträglichkeit mit Elastomeren
- Geringe Schaumbildung
- Geringe Löslichkeit von Gasen
- Oxidationsstabilität
- Mischbarkeit mit Wasser und anderen Bremsflüssigkeiten
- Gute Umweltverträglichkeit
- Geringstmögliche Giftigkeit

Die Bremsflüssigkeit muss immer im Zusammenhang mit den anderen verwendeten Materialien im Bremssystem betrachtet werden, insbesondere die als Dichtungsmaterial eingesetzten Elastomere dürfen nicht beeinträchtigt werden. Um die Abdichtung zu gewährleisten müssen Bremsflüssigkeiten leicht quellend wirken. Würde das Material schrumpfen, könnte dies zu einem Flüssigkeitsverlust führen.

Außerdem müssen die metallischen Werkstoffe im Bremssystem vor Korrosion geschützt werden, da Korrosionsprodukte zu Abrieb und Verschleiß führen können.

R. Mayer (Hrsg.): *XXXVIII. Internationales µ-Symposium 2019 Bremsen-Fachtagung,* Proceedings, S. 17–21, 2019. https://doi.org/10.1007/978-3-662-59825-2_2

Die Funktionalität der Bremsflüssigkeit muss über einen weiten Temperaturbereich gegeben sein, außerdem muss eine Flüssigkeit mit anderen Bremsflüssigkeiten vollständig verträglich und mischbar sein, da während der Lebensdauer eines Fahrzeugs Bremsflüssigkeit mehrfach gewechselt werden muss und dabei Bremsflüssigkeiten verschiedener Hersteller eingesetzt werden können [1, 2].

2   Bremsflüssigkeitstypen

Die chemische Zusammensetzung einer Bremsflüssigkeit muss so gewählt werden, dass die o. g. Eigenschaften erfüllt werden und somit optimale Leistung und Sicherheit gewährleistet sind. Bremsflüssigkeiten bestehen aus Lösemitteln, Korrosionsinhibitoren, Antioxidationsmitteln und schmierenden Additiven [1, 2].

Auf dem Markt existieren drei Typen von Bremsflüssigkeiten, basierend auf:

• Glykolen, Glykolethern und deren Borsäureestern
• Silikonölen
• Mineralölen

Mineralöl basierte Flüssigkeiten werden selten eingesetzt, Eigenschaften wie die Kompressibilität und das Luftlösevermögen sind im Vergleich zu Glykol basierten Flüssigkeiten schlechter [1].

Silikonöl basierte Flüssigkeiten haben sehr hohe Siedepunkte und werden in Spezialanwendungen eingesetzt, wie in militärischen Fahrzeugen oder im Rennsport [1].

Über 95 % des Weltmarktes werden von Glykol basierten Bremsflüssigkeiten bedient. Diese haben hervorragende Eigenschaften und können breit eingesetzt werden. Als Lösemittel werden vorwiegend Methyl- und Butylether mit drei bis vier Ethylenoxideinheiten verwendet. DOT 3 Flüssigkeiten beschränken sich auf Glykole, Glykolether und Additive, während DOT 4 Flüssigkeiten zusätzlich Borsäureester enthalten.

Glykol basierte Bremsflüssigkeiten sind hygroskopisch, das heißt sie nehmen mit der Zeit Wasser auf. Die Wasseraufnahme erfolgt im Fahrzeug durch Diffusion über die Bremsschläuche oder an den Radbremszylindern, über Entlüftungsöffnungen im Bremssystem und über den Vorratsbehälter.

Durch die Wasseraufnahme steigt die Viskosität und sinkt der Siedepunkt einer Bremsflüssigkeit, es wird zwischen Siedepunkt (ERBP = equilibrium reflux boiling point) und Nasssiedepunkt (WERBP = wet equilibrium reflux boiling point), der bei einem Wassergehalt von 3–4 % bestimmt wird, unterschieden. Die Flüssigkeit sollte daher regelmäßig ausgetauscht werden (alle 1–3 Jahre, je nach Type und Umgebungsbedingungen).

DOT 3 Flüssigkeiten lösen das aufgenommene Wasser, DOT 4 Flüssigkeiten binden es durch den Borsäureester chemisch. Dadurch kann bei DOT 4 Flüssigkeiten ein höherer Nasssiedepunkt erreicht werden. Da sich das Wasser in der Bremsflüssigkeit vollständig löst, kommt es nicht zu Verdampfung (vapor lock) und es kann auch nicht gefrieren, was maßgeblich zur Sicherheit im Bremssystem beiträgt und einen großen Vorteil der Glykol basierten Flüssigkeiten darstellt [1, 2].

Nicht-hygroskopische Bremsflüssigkeiten auf Silikon- oder Mineralölbasis nehmen zwar kein Wasser auf, die hohen Temperaturen in der Anwendung können aber zu Zersetzungsvorgängen von Lösemitteln und Additiven führen, sodass auch diese Flüssigkeiten nicht länger als 3 Jahre verwendet werden können. Zudem kann eindringendes Wasser nicht gelöst werden und dadurch zu Problemen führen. Setzt sich ein Wassertropfen an ungünstigen Stellen ab und gefriert, kann dies zum Ausfall des Bremssystems führen. Wird vorhandenes Wasser durch hohe Temperaturen verdampft, erhöht sich das kompressible Volumen im System zu stark, was ebenfalls zu einem Ausfall führen kann [1, 2].

3 Normen

Bremsflüssigkeiten auf Mineralölbasis sind in der ISO 7309 genormt [3], Anforderungen an Bremsflüssigkeiten auf Silikonölbasis finden sich in der SAE J1705 [4].

Anforderungen an Glykol basierte Bremsflüssigkeiten und deren Prüfungen werden in den internationalen Normen SAE J1703 [5], SAE J1704 [6], FMVSS No. 116 [7] und ISO 4925 [8] beschrieben, außerdem werden die Flüssigkeiten hier klassifiziert (Tab. 1, 2 und 3).

Tab. 1. Klassifizierung und Anforderungen an synthetische Bremsflüssigkeiten nach FMVSS No. 116 [7].

	DOT 3	DOT 4	DOT 5 and DOT 5.1
ERBP [°C]	$\geq$205	$\geq$230	$\geq$260
WERBP [°C]	$\geq$140	$\geq$155	$\geq$180
Viskosität bei -40 °C [mm^2/s]	$\leq$1500	$\leq$1800	$\leq$900

Tab. 2. Klassifizierung und Anforderungen an synthetische Bremsflüssigkeiten nach SAE J1703 und SAE J1704 [5, 6].

	SAE J1703	SAE J1704 Standard	Niedrig viskos
ERBP [°C]	$\geq$205	$\geq$230	$\geq$250
WERBP [°C]	$\geq$140	$\geq$155	$\geq$165
Viskosität bei -40 °C [mm^2/s]	$\leq$1500	$\leq$1500	$\leq$750

Tab. 3. Klassifizierung und Anforderungen an synthetische Bremsflüssigkeiten nach ISO 4925 [8].

	Class 3	Class 4	Class 5-1	Class 6
ERBP [°C]	$\geq$205	$\geq$230	$\geq$260	$\geq$250
WERBP [°C]	$\geq$140	$\geq$155	$\geq$180	$\geq$165
Viskosität bei -40 °C [mm^2/s]	$\leq$1500	$\leq$1500	$\leq$900	$\leq$750

Anforderungen von OEMs gehen häufig weit über die bestehenden Standards hinaus.

4 Labortests und Erprobung im Bremssystem oder Fahrzeug

Die wichtigsten Prüfungen an Bremsflüssigkeiten leiten sich direkt aus den Anforderungen ab und die Durchführung ist in den o. g. Normen genau beschrieben [4–8]. Geprüft wird:

- Der Siedepunkt (ERBP) und der Nasssiedepunkt (WERBP)
- Die Viskosität bei –40 °C und 100 °C
- Der pH-Wert
- Die chemische Stabilität und die Hochtemperaturstabilität
- Das Korrosionsverhalten gegenüber Zinn, Stahl, Aluminium, Eisen, Messing und Kupfer
- Das Kälteverhalten
- Die Wasserverträglichkeit
- Die Oxidationsbeständigkeit
- Das Verhalten gegenüber Elastomeren (EPDM und SBR)

Zusätzlich haben viele OEMs ihre eigenen Tests entwickelt, die ebenfalls bestanden werden müssen. Da in den Normtests nur standardisierte Materialien und relativ kurze Zeiträume verwendet werden, finden bei Bremssystemherstellern oder OEMs weitere Langzeittests und Materialverträglichkeitsprüfungen statt. Zusätzlich werden bei Bremssystemherstellern verschiedene klimatische Bedingungen simuliert und bei OEMs im Rahmen von Flottentests mit speziellen Fahrmanövern getestet.

Zunehmend an Bedeutung gewinnt auch das Schmier- und Geräuschverhalten von Bremsflüssigkeiten. Dafür gibt es noch keine in den Normen beschriebenen Tests, diese befinden sich derzeit aber in Entwicklung.

5 Neue Anforderungen

In modernen Fahrzeugen werden Fahrassistenzsysteme über das Bremssystem gesteuert. Die in den ESP Systemen enthaltenen Pumpen arbeiten dadurch öfter, länger und intensiver als in früheren Systemen. Die Elastomeren Dichtungen im ESP System müssen daher immer besser vor Verschleiß geschützt werden. Daher müssen moderne Flüssigkeiten ein herausragendes Schmiervermögen besitzen und die Reibung reduzieren, um sicherzustellen, dass kein oder nur möglichst geringer Verschleiß im hydraulischen Bremssystem auftritt. Außerdem müssen die Flüssigkeiten das Elastomeren Material vor Verformung und Leckage schützen, um den sicheren Betrieb des Bremssystems zu gewährleisten.

Die Nachfrage nach Bremsflüssigkeiten mit exzellentem Schmierverhalten und gleichzeitig niedriger Tieftemperaturviskosität ist hoch. Außerdem sollen Siedepunkt und vor allem Nasssiedepunkt die Anforderungen des DOT 5.1 Standards erfüllen.

Das Geräuschverhalten von Bremsflüssigkeiten gewinnt mit der Entwicklung von leisen elektrischen Fahrzeugen zunehmend an Bedeutung und muss minimiert werden.

Literatur

1. Wissussek D, Icken C, Glüsing H (1995) Produktkreislauf Bremsflüssigkeiten. Expert-Verlag, Renningen-Malmsheim
2. Breuer B, Bill K (Hrsg) (2017) Bremsenhandbuch, 5. Aufl. Springer Vieweg, Wiesbaden
3. ISO International Organization for Standardization (Hrsg) (1985) ISO 7309
4. SAE Society of Automotive Engineers (Hrsg) (1995) SAE J1705
5. SAE Society of Automotive Engineers (Hrsg) (2016) SAE J1703
6. SAE Society of Automotive Engineers (Hrsg) (2016) SAE J1704
7. FMVSS Federal Motor Vehicle Safety Standard and Regulations (Hrsg) (2005) FMVSS No. 116
8. ISO International Organization for Standardization (Hrsg) (2005) ISO 4925

NVH bei elektromechanischen Aktuatoren

Ralf Groß[1]([⊠]), Rich Dziklinski[2], und Joachim Noack[1]

[1] NVH, ZF Active Safety GmbH, 56070 Koblenz, Deutschland
`ralf.gross@ZF.com`
[2] NVH, ZF Active Safety GmbH, Livonia, USA

Zusammenfassung. Die vorgestellte Arbeit zeigt die NVH-Herausforderungen elektrohydraulischer Systeme anhand der NVH-Entwicklung des Integrated Brake Controller (IBC) von ZF. Insbesondere werden die Motivation, die Simulationstechnologien und die Korrelationsstudien der Komponenten zum Fahrzeug von ZF zusammengefasst. Darüber hinaus werden weitere Herausforderungen und Bereiche der zukünftigen Entwicklung diskutiert.

Schlüsselwörter: NVH · CAE · Mechatronik ·
Aktuator und Betätigungssystem · Bremsen für elektrisches,
hybrides und automatisiertes Fahren

1 Einleitung

Die zunehmende Elektrifizierung von Antriebssträngen im Kraftfahrzeug hat den Ersatz herkömmlicher vakuumbasierter Bremsbetätigungssysteme durch elektrohydraulische Alternativen vorangetrieben. Elektrohydraulische Systeme bieten nicht nur eine Lösung für den vakuumfreien Antriebsstrang, sondern sind auch ideal für die Implementierung für autonomes Fahren. Geringere Hintergrundgeräusche aufgrund der Elektrifizierung und Kundenerwartungen hinsichtlich der Betätigungsgeräusche beim Fahren oder beim autonomen Bremsen stellen die elektrohydraulischen Betätigungstechnologien jedoch vor Herausforderungen hinsichtlich Geräuschentwicklung, Vibration und Rauhigkeit (NVH).

2 Entwicklung von Betätigungseinrichtungen im Automobil

In der Vergangenheit hat die Technologie des Unterdruckbremskraftverstärkers verschiedene Verbesserungen und Änderungen in Bezug auf Effizienz, Package und auch Komfort erfahren. Das NVH-Verhalten stand bei der Entwicklung von Bremsbetätigungssystemen schon immer im Vordergrund. Eine Vielzahl unterschiedlicher Geräuschphänomene tritt typischerweise auf der Ebene von Baugruppen und Unterbaugruppen auf. Eine Auswahl dieser „Booster-Geräusche" und ihrer typischen Ursachenorte ist in Abb. 1 dargestellt.

© Springer-Verlag GmbH Deutschland, ein Teil von Springer Nature 2019
R. Mayer (Hrsg.): *XXXVIII. Internationales µ-Symposium 2019 Bremsen-Fachtagung,*
Proceedings, S. 22–27, 2019. https://doi.org/10.1007/978-3-662-59825-2_3

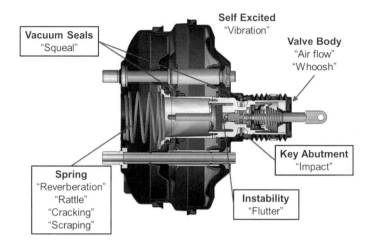

Abb. 1. Schematischer Schnitt eines Unterdruckbremskraftverstärkers und typische Entstehungsorte für Geräusche

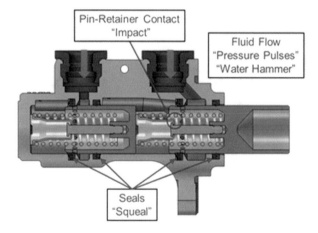

Abb. 2. Schematische Darstellung eines Hauptzylinders und typische Positionen für Geräusche

Als Teil eines Bremsbetätigungssystems ist der Hauptbremszylinder ein Schlüsselelement für die Funktionalität, kann aber auch wesentlich zum Geräusch beitragen. In ähnlicher Weise können während des Betriebs unterschiedliche Geräuscharten auftreten. Abb. 2 zeigt eine Reihe von Phänomenen und deren Ursprung.

Zusammenfassend lassen sich vier Hauptkategorien für Geräusche im Zusammenhang mit dem Verstärker und dem Hauptbremszylinder identifizieren:

a) stoßbedingt oder lückenbedingt: z. Schlaggeräusch, Rasseln;
b) Kontakt: Quietschen, Kratzgeräusch;
c) Luftstrom: Luftstrom und Luftgeräusch;
d) Flüssigkeit und Druck: Instabilität; Wasserschlag;

3 Integrierter Bremsregler (IBC)

Die jüngsten Trends in der Automobilindustrie haben zu einer zunehmenden Elektrifizierung aller Fahrzeugtypen geführt. Folglich könnte dieser Trend der Haupttreiber für den Ersatz herkömmlicher vakuumbasierter Bremsbetätigungssysteme durch elektrohydraulische Äquivalente sein. Zu den Hauptvorteilen dieser Technologiewende gehören:

- integrierte Einheit, kombinierbar mit Aktuator + SCS (1-Box)
- normales Bremspedalgefühl durch optimale Pedalsimulation
- ermöglicht kraftstoffsparende Antriebe ohne zusätzliche Vakuumpumpen
- kompatibel mit allen Antriebssträngen
- unterstützt alle Fahrerassistenzfunktionen, ACC, AEB und automatisiertes Fahren
- Vorteile hinsichtlich Kraftstoffverbrauch und CO_2-Emissionen
- erhebliche Gewichtsersparnis
- weniger Komponenten: kompakteres Gehäuse, einfachere Fahrzeugmontage

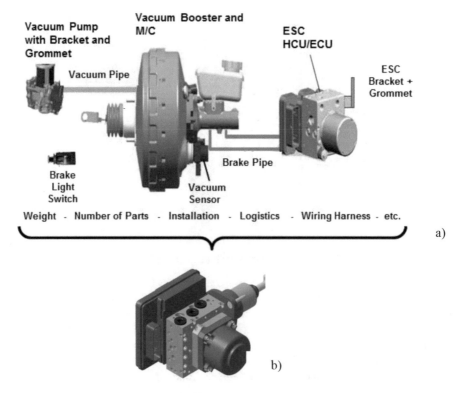

Abb. 3. Vergleich der Komplexität zwischen a) herkömmlichem Unterdruckverstärkersystem und b) integriertem Bremsregler. Hinweis: Skizzen sind nicht maßstabsgetreu

Als eines der wichtigsten zukünftigen Bremsprodukte wurden in den Jahren 2019 und 2020 IBC-Systeme in mehreren Crossover-Fahrzeugplattformen implementiert, damit weitere OEMs hinzukommen. Weitere Fahrzeuge und OEM-Plattformen befinden sich derzeit in der Entwicklung (Abb. 3).

4   Herausforderungen der NVH-Entwicklung

Elektromechanische Bremskraftverstärker sind ein Ersatz für die Vakuumverstärker. Die Geräuschentstehung ist jedoch sehr unterschiedlich. Im Gegensatz zum Vakuum-verstärker ist das Geräusch hauptsächlich strukturell bedingt. Infolgedessen korrelie-ren die traditionellen Betätigungsanforderungen und -methoden nicht vollständig. Als integraler Bestandteil der Produktanforderungen strebte ZF an, dass die NVH-Werte von IBC mindestens so gut oder besser sein sollten als beim Vakuumverstärker ohne Verwendung von Isolation. Die Hauptherausforderungen während der Entwicklung waren:

- CV NVH-Entwicklung
- Meldung verschiedener Technologien
- NVH-Methodik
- Validierung
- Fahrzeugabhängigkeit

Da es der Bremsindustrie an Erfahrungswerten für diese Art von Produkten mangelte, mussten neue Ansätze verfolgt werden. Schwerpunkte in einem frühen Stadium der Entwicklung waren die Definition kritischer Aktivierungen und die Ableitung von Testdefinitionen, die eine standardisierte Test- und Untersuchungsumgebung ermög-lichen. Abb. 4 zeigt den systematischen Ansatz für Datenanalyse- und Bewertungsme-thoden, bei denen der kritische Frequenzgehalt und die Entwicklung der Metriken im Mittelpunkt standen.

   In allen Phasen der Produktentwicklung waren hardwarebezogene Erfahrungen aus anderen Produktgruppen von Vorteil. Nicht nur funktionsübergreifende Elemente aus anderen Bremstechnologien (z. B. herkömmliche Schlupfregelung, herkömmliche Betätigung und Hauptzylinder), sondern auch Methoden aus der elektrischen Servo-lenkung wurden erfolgreich eingesetzt.

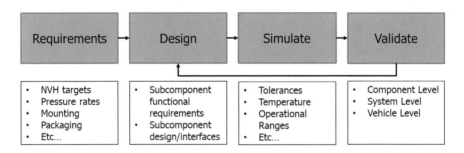

Abb. 4. Aufschlüsselung der NVH-Methodik

Neben einer Vielzahl von experimentellen Tests war es unerlässlich bereits in einem sehr frühen Stadium des Prozesses Simulationsmethoden (CAE) einzusetzen. Es wurde nicht nur ein Verständnis der komplexen Physik der Wechselwirkung zwischen Hardwareteilen des Getriebes erzielt, auch die Stabilität an einem Bauteil sowie die Robustheit an Randbedingungen wurde gewonnen. Als Beispiel zeigt Abb. 5 die Optimierung der Kugelgeschwindigkeit innerhalb der Kugelmutter. Durch den Einsatz ausgefeilter Simulationsansätze gelang es die Funktionalität und die NVH-Anforderungen richtig aufeinander abstimmen.

Als Ergebnis wurde ein akzeptables NVH-Verhalten auf Teil- und Fahrzeugebene erreicht. Ein Vergleich in Abb. 6 zeigt, dass die IBC-NVH-Werte genauso gut oder besser sind als die vakuumbasierte Betätigung ohne die Verwendung einer Isolierung.

Schließlich wurde die Korrelation zwischen der subjektiven Bewertung der Jury, dem objektiven NVH-Wert des Fahrzeugs und dem NVH-Wert des Systems auf verschiedenen Prüfständen ermittelt. Bei diesen systematischen Untersuchungen wurde im Gegensatz zu früheren Bremsprodukten ein „neues" NVH-Tuning-Element identifiziert. Das Nivellieren von Bremsdruck und Volumen kann typischerweise durch eine Erhöhung der Aktivierungsgeschwindigkeit erreicht werden, wie dies in Abb. 7 gezeigt ist.

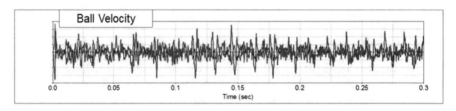

Abb. 5. Diagramm mit optimierter Kugelgeschwindigkeit in der Kugelmutter um ein akzeptables NVH-Verhalten zu erzielen.

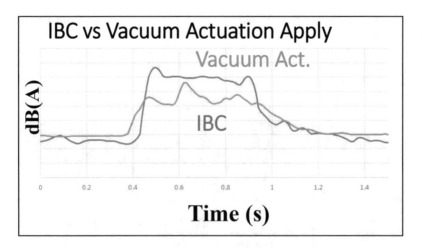

Abb. 6. Vergleich des NVH-Pegels zwischen einen elektromechanischen- und einen Vakuumverstärker

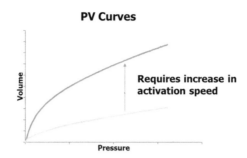

Abb. 7. Fahrzeugabhängigkeit und grundlegende Bremseffekte

Es wurden mehrere Untersuchungsschritte durchgeführt, um die Funktionsdynamik vorzugsweise per Software anzupassen. In einigen Fällen wurde das NVH-Verhalten direkt beeinflusst und leider verstärkt. Es wurden Anstrengungen unternommen, um Softwareanpassungen als weiteres Instrument zur Reduzierung der NVH-Werte zu verwenden und gleichzeitig eine hervorragende Leistung zu erzielen.

Darüber hinaus schafft die Anbringung eines aktiven Sicherheitssystems an der Fahrzeugvorderseite zusätzliche Herausforderungen. Fest montierte Systeme mit Magnetventilen, Motoren, Kugelumlaufspindeln, Getriebe usw. können zu erheblichen Körperschallemissionen führen. Um die Kundenerwartungen zu erfüllen, sind erhebliche Details für das Design und die Entwicklung von Hardware, Steuerungen und die Synergie zwischen beiden erforderlich.

5 Zusammenfassung und Herausforderungen

Zusammenfassend wurde ein hochmodernes Produkt für aktuelle und zukünftige Fahrzeuganwendungen entwickelt. Eine breite Palette von funktionalen Aspekten wurde erfolgreich kombiniert. Es wurden jedoch immer noch bestimmte Herausforderungen festgestellt. In loser Reihenfolge sind die Hauptfaktoren, die die NVH-Leistung des Bremskraftverstärkers beeinflussen können:

- Strengere NVH-Anforderungen
- Bauraumanforderungen
- E-Fahrzeuge
- Autonomes fahren

Rekuperatives Bremssystem des Porsche Taycan

Bernhard Schweizer$^{(\boxtimes)}$ und Martin Reichenecker$^{(\boxtimes)}$

Dr. Ing. h.c. F. Porsche AG, Porschestraße 911, 71287 Weissach, Deutschland
{bernhard.schweizer,martin.reichenecker}@porsche.de

Zusammenfassung. Die Anforderungen an das Bremssystem von Batterie Elektrofahrzeugen (**B**attery – **E**lectric – **V**ehicle abgek. **BEV**) und vor allem die Anforderungen an die Rekuperationsfähigkeit des Systems zur maximalen Energierückgewinnung steigen ständig. Energierückgewinnung nicht nur in der gewohnten Form als großer Beitrag zur Energieeffizienz und Reichweitenerhöhung in Verbrauchszyklen bzw. im Alltagsbetrieb sondern in diesem Fall porschetypisch am Beispiel des ersten elektrischen Porsche Sportwagen „Taycan" auch bis in den fahrdynamischen Grenzbereich, unter hoher Querbeschleunigung und während der ABS Regelung. Damit ist die Rekuperation zusätzlich ein sehr großer und wichtiger Beitragsleister zur thermischen Entlastung der Radbremse einerseits aber auch zur Erhöhung der Rundenanzahl bis zum nächsten Ladevorgang andererseits. Der Anspruch hierbei ist die dafür erforderlichen Interaktionen der verschiedenen Verzögerungssteller (Reibbremse und E-Maschine) für den Fahrer weitgehend unbemerkt ablaufen zu lassen. Dies gilt vor allem vor dem Hintergrund „Rundstreckenanforderung" sowohl für das Ziel eines möglichst natürlichen Bremspedalgefühls wie z. B. Beibehaltung haptischer ABS Druckpunkt als auch für die Herausforderung einer möglichst geringen Beeinflussung der Bremskraftverteilung VA zu HA um das gewohnte Kurvenbremsverhalten gemäß der installierten Bremskraftverteilung nicht nachteilig zu beeinflussen. Im nachfolgenden Artikel wird nach einer kurzen Beschreibung des Antrieb und Gesamtfahrwerks ausführlich das Rekuperative Bremssystem des Porsche Taycan vorgestellt. Dies beinhaltet alle beteiligten Komponenten von der Pedalanlage über das Bremsbetätigungssystem und die Rekuperationsstrategie bis hin zur Radbremse. Dabei werden die zum Einsatz kommenden Leichtbaukonzepte und Technologien technisch beschrieben.

Schlüsselwörter: Rekuperation · Bremssystem · Sportwagen · Porsche · Taycan

1 Kurzbeschreibung Antrieb und Gesamtfahrwerk

Das Antriebssystem besteht aus zwei permanent erregten Synchronmaschinen (PSM) an Vorder- und Hinterachse mit einer Systemleistung von insgesamt 625 PS welche über einen sehr langen Zeitraum – als Dauerleistung ohne Degradierung – zur Verfügung stehen. Gespeist werden diese Maschinen von einer Unterboden HV Batterie

© Springer-Verlag GmbH Deutschland, ein Teil von Springer Nature 2019
R. Mayer (Hrsg.): *XXXVIII. Internationales µ-Symposium 2019 Bremsen-Fachtagung,*
Proceedings, S. 28–33, 2019. https://doi.org/10.1007/978-3-662-59825-2_4

mit 800 V Systemspannung, welche durch Ihre Anordnung für einen besonders niedrigen Gesamtfahrzeugschwerpunkt sorgt (nochmals 80 mm tiefer als im aktuellen 911 und tiefer als alle aktuellen Serien-Porsche). Die 800 V Technologie ermöglicht reduzierte Stromstärken bei gleicher Leistungsabgabe, wodurch sämtliche HV Kabelquerschnitte reduziert werden können – das spart Gewicht. Der niedrige Schwerpunkt, gepaart mit einer breiten Spurweite und den rollwiderstandsoptimierten Performancereifen, garantieren das markentypische Niveau an maximaler Quer- bzw. Fahrdynamik. Die elektromechanische Wankstabilisierung, die Hinterachslenkung sowie die vollvariable Antriebsmomentenverteilung dank entkoppelter Antriebsachsen, mit einer sehr schnellen und präzisen Momentenregelung bzw. -aufteilung zwischen Vorder- und Hinterachse, sind weitere fahrdynamische Highlights. Die Kombination mit einer Dreikammer Luftfederung mit Niveauregulierung und Liftfunktion garantiert die maximale Spreizung zwischen Fahrdynamik und Komfort bzw. Alltagstauglichkeit.

Abb. 1. Gesamtfahrwerk und Antrieb/Batterie Porsche Taycan. (PAG interne Präsentationen)

2   Bremssystem und Komponenten

2.1   Leichtbaubremspedal

Zum Einsatz kommt ein Leichtbaubremspedal mit Organoblechtechnologie und Kunststofflagerbock. Das Bremspedal erfüllt die hohen Lastanforderungen unter anderem dank eines multiaxialen Faserlagenaufbaus (Glasfaser) im per „one shot" umspritzten Einleger. Diese endlosfaserverstärkten Thermoplast-Composites sorgen in der Decklage für die exzellente Zug- und Biegebelastbarkeit und die Innenlagen für eine hohe Torsionsbelastbarkeit des Bremspedals. Mit diesem Laminat gelang es die sehr hohen technischen Vorgaben an die mechanische Performance des Sicherheitsbauteils zu erfüllen und gleichzeitig ein Optimum an Leichtbaupotenzial auszuschöpfen. Das Gewicht der kompletten Pedalerie inkl. Lagerbock liegt bei ca. 1 kg und konnte gegenüber einem Stahlpedal nahezu halbiert werden. Der Einsatz dieser Technologie ist die konsequente Fortführung der erstmalig im 918 Projekt eingeführten und zwischenzeitlich in mehreren Porsche Baureihen in Serie befindlichen Leichtbaustrategie Pedalerie (Abb. 2).

Abb. 2. Pedalanlage Porsche Taycan. (PAG interne Präsentationen)

2.2 Bremsbetätigung und Rekusystem

Zum Einsatz kommt ein vakuumfreies Bremsbetätigungs- und Regelsystem bestehend aus einem elektromechanischen Bremskraftverstärker der zweiten Generation in Kombination mit einem ESC Premium Hydroaggregat, 6 Kolbenpumpe und offenem HA-Kreis, d. h. im Unterschied zu einem konventionellen ESC im HA Kreis ausgestattet mit einem Trennventil, einem Druckregelventil sowie einem direktem Sauganschluß zum Bremsflüssigkeitsbehälter. Im Gegenzug entfällt der Niederdruckspeicher im HA Kreis – siehe Bild bzw. Schaltplan Abb. 3 und 4. Der Hauptbremszylinder am eBKV ist mit einem reduzierten Durchmesser von nur 25,4 mm so dimensioniert, sodass dieser volumentechnisch nur ca. 2/3 der Gesamtvolumenaufnahme der Radbremse abdeckt, der Rest des Volumens wird bei Bedarf über das ESC Hydroaggregat direkt über den HA Sauganschluß am Behälter „nachgezogen" und damit das Bremssystem vollends mit Flüssigkeit versorgt. Das Gesamtsystem trägt infolge dieser technischen Änderungen den Namen eBKV + ESC HEV II.

Während eines rekuperativen, d. h. „reibungsfreien" Bremsvorgangs ohne Eingriff und Druckaufbau an der Radbremse, d. h. ausschließlich über die E-Maschinen als Generatoren interagieren die Komponenten eBKV und ESC HEV II wie folgt im Jobsplit.

1. Das nicht in die Radbremse verschobene Volumen wird im ESC HEVII über das Druckregelventil und die Saugleitung direkt drucklos in den Bremsflüssigkeitbehälter abgelassen (Volumenblending über ESC HEVII)
2. Die in diesem Fall fehlende Gegenkraft der dann nicht vorhandenen Drucksäule (da drucklos) wird über eine reduzierte eBKV Unterstützung und dessen Befederungskennlinie „simuliert" (Kraftblending über eBKV)
3. Bei einem erforderlichen Druckaufbau während eines rekuperativen Bremsvorgangs erfolgen die Abläufe umgekehrt, d. h. das fehlende Volumen wird über den Saugleitungsanschluß und die ESC Pumpe aus dem Bremsflüssigkeitsbehälter nachgezogen und die Unterstützungskraft im eBKV sukzessive erhöht.

Diese Blendingstrategie wird als Systemlevelblending bezeichnet, da der Druckauf- und abbau immer in beiden Kreisen gleichzeitig stattfindet und wurde in diesem

Falle gewählt, da sowohl an der VA als auch an der HA E-Maschinen als Generatoren rein elektrisch Bremsmoment stellen können und dieses Moment entsprechend verblendet werden muss. Durch die Druckgleichheit an VA und HA ist die fahrdynamisch relevante, konstante, intallierte Bremskraftverteilung sichergestellt. Die Performance des Systems lässt sich wie folgt in Zahlen fassen:

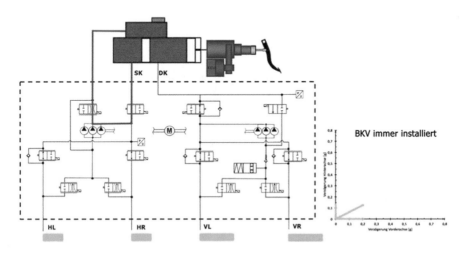

Abb. 3. 100 % rekuperative Bremsung: Das vom Fahrer verschobene Volumen wird drucklos in den Behälter verschoben, das korrespondierende Bremsmoment wird über die Generatoren gestellt. (Bosch Präsentation eBKV + ESC HEV II System)

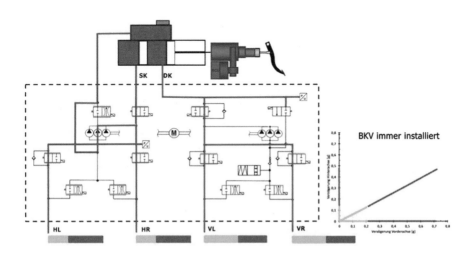

Abb. 4. Bremsung anteilig rekuperativ: Im Falle, dass im Verlauf einer Bremsung wieder ein hydraulischer/reibungstechnischer Anteil erforderlich ist, wird das Volumen über den Saugleitungsanschluß und die ESC Pumpe in beide Kreise des Bremssystems gepumpt. (Bosch Präsentation eBKV + ESC HEV II System)

Bremsrekuperation

- Rein elektrische Verzögerungen bis 3,0 m/s^2
- mit einer maximalen Rekuperationsleistung von 265 kW bis in den fahrdynamischen Grenzbereich.
- ca. 90 % aller Bremsungen im Alltag können rekuperativ gestellt werden

Darüber hinaus verfügt der Porsche Taycan über die Möglichkeit einer wahlweisen, 3-stufigen und per Lenkradtaste bedienbaren Schubrekuperation.

Schubrekuperation

- Schubrekuperation AUS, pures Segeln (maximal effizient)
- Schubrekuperation AN [max. 0,8 m/s^2]
- Auto-Rekuperation mittels Kamera [max. 1,3 m/s^2]

Die Werte der Schubrekuperation sind additiv zu den Werten der Bremsrekuperation zu betrachten und können jederzeit, entsprechend dem gewünschten Verhalten, kombiniert werden. Die verfügbaren Fahrerassistenzsysteme des Taycan wurden auf die Nutzung der maximalen Rekuperation hin optimiert und nutzen dabei sowohl die Schub- als auch die Bremsrekuperation in vollem Umfang – bei Bedarf auch kombiniert.

2.3   Radbremse und Bremsenkühlung

Die Herausforderung bei der Auslegung und Dimensionierung der Radbremse war vor allem die Beherrschbarkeit der extrem hohen mittleren Bremsleistungen, aufgrund des hohen Umsatzes an kinetischer Energie, während eines Einsatzes auf der Rundstrecke. Die aktuell relevanten Eckdaten hierfür sind:

- 0–100 km/h in 2,8 s
- 0–200 km/h in 9,8 s, und das über 25 mal, d. h. kein nennenswertes Derating
- v$_{max}$ 260 km/h
- bei einem Gewicht von ca. 2300 kg
- Nürburgring Nordschleife in 7:42 min

Zusätzlich war am Anfang der Entwicklung nicht im Detail absehbar mit welcher thermischen Entlastung der Radbremse durch Rekuperation auf welchem Fahrprofil bzw. welcher Rundstrecke gerechnet werden kann. Die Bremsenkühlung ist – vor dem Hintergrund des massiven Zielkonflikts mit dem reichweitenrelevanten Luftwiderstandsbeiwert cW – an der VA schaltbar in Form eines geschlossenen Kanals ausgeführt (siehe Abb. 1). Dieser Kanal leitet die Kühlluft inkl. nachgelagertem Spoiler bis zum Eingang des Bremsscheibentopfes und wird per Temperaturmodell bedarfsgerecht geöffnet oder geschlossen. An der HA ist ein fest installierter, nicht schaltbarer, Luftführungskanal zur Bremsenkühlung im Einsatz.

Bei der Radbremstechnologie als solches wurde auf die bei Porsche in mehreren Baureihen bewährte Leichtbau Performancebremsen Technologie zurückgegriffen. Vollaluminium Festsättel mit gezogener Belagbolzenführung an VA und HA gepaart mit ebenfalls kühlungsoptimierten Verbundbremsscheiben. Ermöglicht werden diese Festsättel an der HA erst durch den Einsatz, der bei Porsche ebenfalls baureihenübergreifend eingesetzten, direkt aktuierten, elektrischen Duo Servo Feststellbremse.

Zum Einsatz kommt als Bremsscheibentechnologie sowohl die bereits seit längerem bekannte Keramikbremse (PCCB – Serie im Turbo S), als auch die mit dem aktuellen Cayenne Turbo erstmals vorgestellte PSCB Technologie (mit Wolframkarbid beschichtete GG Scheibe – Serie im Turbo).

Dank der hohen Effizienz der Rekuperation bis in den fahrdynamischen Grenzbereich, war es möglich die maximalen Temperaturwerte der Bremsscheibe an der VA auf der Rundstrecke um >80 K sowie die der Bremsflüssigkeit um >10 K zu senken, sodass aktuell folgende Abmessungen der Radbremse zugeordnet sind (siehe Bremsenbaukasten Abb. 5). Beide Bremsvarianten sind an der VA, aufgrund der extrem großen Belagflächen, gepaart mit einem 10 Kolben Sattel. An der HA kommen 4 Kolben Sättel zur Anwendung. Alle Sättel sind zur Reduzierung der Restmomente lüftspieloptimiert.

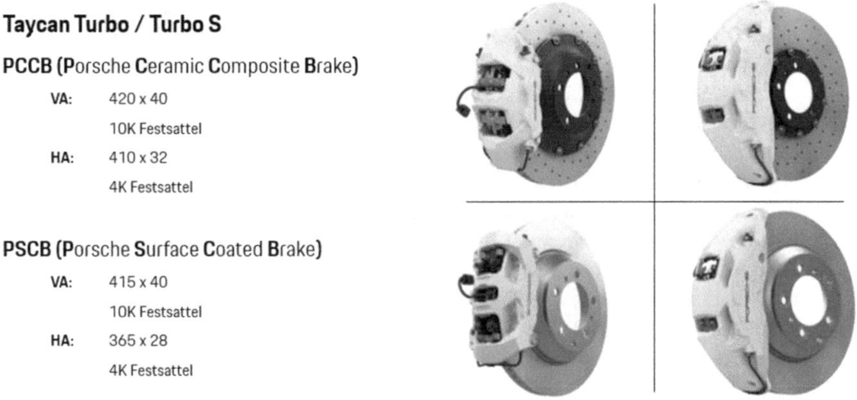

Taycan Turbo / Turbo S

PCCB (Porsche Ceramic Composite Brake)
- VA: 420 x 40, 10K Festsattel
- HA: 410 x 32, 4K Festsattel

PSCB (Porsche Surface Coated Brake)
- VA: 415 x 40, 10K Festsattel
- HA: 365 x 28, 4K Festsattel

Abb. 5. Bremsenbaukasten Porsche Taycan. (PAG interne Präsentationen)

Durch den sehr hohen Anteil der Rekuperation (90 % aller Bremsungen) war es erforderlich sowohl eine Einbrems-, als auch eine Refreshfunktion zu entwickeln. Die Einbremsfunktion, wie der Name schon sagt, zum initialen Einbremsen des Reibwerts zwischen Belag und Scheibe (im Neuzustand bzw. nach Belagwechsel) und die Refreshfunktion zur Aufrechterhaltung des Reibwerts während des Betriebes. Kern beider Funktionen ist es die Rekuperation für einen definierten Energieumsatz zu deaktivieren und alle Verzögerungen reibtechnisch abzudecken.

3 Zusammenfassung

Das rekuperative Bremssystem des Porsche Taycan trägt durch zahlreiche Leichtbaumerkmale und Komponenten eine ausgeklügelte Bremsenkühlung sowie eine sehr effiziente und performante Rekuperation bis in den fahrdynamischen Grenzbereich, maßgeblich dazu bei, dass Porsches erster rein elektrischer Sportwagen die Tradition und das Markenversprechen einer überlegenen Fahrdynamik bei max. Spreizung in Richtung Komfort und Alltagstauglichkeit fortführt.

Untersuchung der Bremsemissionen verschiedener Reibmaterialien in Bezug auf Partikelmasse (PM) und Partikelanzahl (PN)

Andreas Paulus[✉]

TMD Friction Services GmbH, 51381 Leverkusen, Deutschland
Andreas.Paulus@tmdfriction.com

Zusammenfassung. PM_{10} Emissionen die nicht aus dem Abgas stammen, rücken zunehmend in den Fokus der Gesetzgebung und Medienberichterstattung. Diese Tatsache wird in den kommenden Jahren eine der zentralen Herausforderungen des Mobilitätssektors insgesamt und der Automobilindustrie im speziellen sein. Um diese Herausforderung zu bewältigen, müssen die zugrunde liegenden Prozesse der Partikelentstehung und ihrer Emission verstanden werden. Die vorliegende Studie unterstützt dieses Verständnis, indem sie den Einfluss verschiedener Reibmaterialien und Arten von Bremsscheiben auf die Partikelemissionen untersucht. Sie zeigt, wie eine korrekt durchgeführte Messung von Bremsemissionen auf einem Schwungmassenprüfstand wertvolle Informationen sowohl über grundlegende Einflussfaktoren als auch über das materialspezifische Emissionsverhalten liefern kann. Die Ergebnisse legen eine klare Korrelation zwischen der Masse der PM_{10}-Emissionen und dem Gesamtverschleiß nahe. Außerdem zeigt sich eine starke Temperaturabhängigkeit von Partikelanzahlemissionen (PN-Emissionen) bei der Verwendung von Grauguss-Scheiben. Es wird gezeigt, dass beschichtete Scheiben das haben, die PN-Emissionen signifikant zu reduzieren, vor allem im Bereich der sehr kleinen Partikel. Die vorgestellte Messmethodik und Auswertestrategie ermöglicht eine zielgerichtete Reibmaterialentwicklung mit dem Ziel eines Bremssystems mit niedrigen Bremsemissionen.

Schlüsselwörter: Bremsemissionen · Reibmaterial · Partikelanzahl · Partikelmasse · Emissionsmessung

1 Einleitung

In den letzten Jahren wurden intensive Diskussionen über die Luftqualität hinsichtlich des Ausstoßes von Feinstaub in Ballungsräumen geführt. In der EU ist Feinstaub (PM_{10}, particulate matter) definiert als Partikel mit einem aerodynamischen Durchmesser von weniger als 10 µm. Seit 2005 gilt in der EU ein 24-h-Grenzwert von 50 µg/m³ PM_{10}, der nicht öfter als 35-mal im Jahr überschritten werden darf, siehe Richtlinie 1999/30/EG.

© Springer-Verlag GmbH Deutschland, ein Teil von Springer Nature 2019
R. Mayer (Hrsg.): *XXXVIII. Internationales µ-Symposium 2019 Bremsen-Fachtagung,*
Proceedings, S. 34–48, 2019. https://doi.org/10.1007/978-3-662-59825-2_5

Obwohl die Herkunft des Feinstaubs in der Luft vielfältig ist, stehen die durch den Mobilitätssektor verursachten Partikelemissionen im Mittelpunkt der Regulierung und der Medienberichterstattung. Da die PM_{10}-Emissionen, die in Verbrennungsmotoren entstehen, in den letzten Jahren stetig zurückgegangen sind, rücken die nicht-motorischen Partikelemissionen immer mehr in den Fokus. Um 2012 überstieg die Masse der nicht-motorischen PM_{10}-Emissionen erstmals die Masse der PM_{10}-Abgasemissionen. Die nicht-motorischen PM_{10}-Emissionen werden in drei Hauptfraktionen unterteilt: Bremsenverschleiß, Reifenverschleiß und Wiederaufwirbelung von Straßenstaub [1].

Aktuelle Studien zeigen, dass nicht nur die Partikelmasse, sondern auch die Partikelanzahl der emittierten Partikel relevant für die Umwelt- und Gesundheitseffekte von Feinstaub sind. Aus diesem Grund werden auch ultrafeine Partikel wissenschaftlich untersucht [2]. Um dem Rechnung zu tragen, muss nicht nur die Masse der emittierten Partikel, sondern auch ihre Anzahl bei der Untersuchung von nicht-motorischen Emissionen berücksichtigt werden. Im Kontext dieser Studie bezeichne ich die Masse von emittierten Partikeln als PM und die Anzahl von emittierten Partikeln als PN.

Als Reaktion auf diese Entwicklungen haben Regulierungsbehörden, Forschungseinrichtungen und die Industrie begonnen die Bremsemissionen zu untersuchen. Bremsemissionen sind PM_{10}-Emissionen, die ihren Ursprung in Reibungsbremsen haben. In der Vergangenheit lag der Schwerpunkt der Arbeiten auf der Reduzierung von Bremsemissionen durch Sammel-Vorrichtungen oder beschichtete Scheiben sowie auf Methoden, um die Bremsemissionen reproduzierbar und nachvollziehbar zu messen.

Die hauptsächlichen Aktivitäten hinsichtlich der Messung von Bremsemissionen werden im Rahmen der UNECE PMP Gruppe (Informal group on the Particle Measurement Programme) durchgeführt. Diese arbeitet an einer standardisierten Methodik zur Bremsemissionsmessung basierend auf dem neuen WLTP-basierten Bremsemissions-Testzyklus, der in [3] vorgestellt wurde. Dieser Testzyklus wurde im Jahr 2019 final freigegeben und bildet weltweit die Basis für zukünftige Testreihen und die Regulierung hinsichtlich Bremsemissionen.

Was bisher nicht ausreichend berücksichtigt wurde, ist der Einfluss verschiedener Klassen von Bremsbelägen als wesentlicher Bestandteil des Bremssystems auf die Bremsemissionen. Es ist bekannt, dass verschiedene Klassen von Reibmaterialien sehr unterschiedliche physikalische und chemische Eigenschaften aufweisen und einen wesentlichen Einfluss auf die Reibungs- und Verschleißeigenschaften des Bremssystems haben [4]. Es ist daher offensichtlich, dass sie auch die Entstehung von Bremsemissionen beeinflussen werden [5]. Ziel dieser Studie ist es, Hinweise darauf zu geben, wie sich verschiedene Reibmaterialklassen in diesem Zusammenhang verhalten, wie die Ergebnisse von Bremsenemissionsmessungen sinnvoll ausgewertet werden können und wie die Ergebnisse durch gezielte Reibmaterialentwicklung zu einer Reduzierung von Bremsemissionen beitragen können.

2 Versuchsaufbau

2.1 Schwungmassenprüfstand zur Emissionsuntersuchung

Für diese Studie wurde ein klimatisierter Schwungmassenprüfstand verwendet, um die Prüfungen durchzuführen. Schwungmassenprüfstände sind in der Bremsenindustrie weit verbreitet, da sie die Möglichkeit bieten, verschiedene Prüfzyklen unter kontrollierten Bedingungen mit einem Minimum an unkontrollierten Umgebungseinflüssen, die z. B. bei Fahrzeugversuchen auftreten, abzubilden. Die Prüfung auf einem Schwungmassenprüfstand bietet somit die Möglichkeit, Bremssysteme hinsichtlich ihres Reibungs-, Verschleiß- und Bremsemissionsverhaltens reproduzierbar zu charakterisieren.

Die beim Bremsen entstehenden feinen Partikel haben unterschiedliche Massen und Größen, weshalb sie beim Verlassen der Bremse unterschiedliche Trajektorien aufweisen. Während größere Partikel mit einem Durchmesser von ~10 μm im Durchschnitt eine viel höhere Massenträgheit aufweisen und weiter von der Bremse weg transportiert werden, folgen kleine Partikel direkter den Stromlinien des Luftstroms um die Bremse herum. Dies kann zu einer größenabhängigen Separation von Partikeln im Luftstrom führen und die Ergebnisse verfälschen, wenn Partikel an einem Punkt in der Nähe der Bremse entnommen werden. Um diesem Thema Rechnung zu tragen und eine repräsentative und reproduzierbare Emissionsmessung zu ermöglichen, wird eine Umhausung um die Bremse herum installiert und ein definierter konstanter Luftstrom eingestellt. Der Luftstrom ist so dimensioniert, dass große Partikel von der Bremse wegtransportiert werden, bevor sie sich an der Wand der Umhausung ablagern können. Ähnliche Versuchsaufbauten wurden in der Vergangenheit erfolgreich zur Untersuchung von Bremsemissionen verwendet [5–7].

Der allgemeine Aufbau des Prüfstandes und der Partikelmessung sind in Abb. 1 dargestellt. Die gefilterte Luft tritt von unten in die Umhausung ein und verlässt sie nach oben. Der Durchmesser des Rohres beträgt 125 mm und der Punkt der Probennahme liegt mehr als das Achtfache des Rohrdurchmessers entfernt von der Bremse. Der Volumenstrom ist auf 70 m³/h eingestellt, was einer Luftgeschwindigkeit im Rohr von ~6 km/h entspricht. Der Volumenstrom wird so gewählt, dass eine gute Transporteffizienz gegeben ist, eine kurze Verweildauer der Partikel erreicht wird und die Anforderungen an die Empfindlichkeit der Geräte erfüllt werden.

Die Scheibentemperatur wird über ein eingebettetes Thermoelement im Reibring gemessen. Vor und nach jeder Prüfung werden Scheibe und Beläge gewogen, um den gravimetrischen Gewichtsverlust zu bestimmen. Die Umhausung und die Verrohrung werden nach jeder Prüfung gereinigt, um sicherzustellen, dass die gemessenen Partikel aus der aktuellen Prüfung stammen. Die Probennahme wird für jedes der drei Messgeräte unter annähernd iso-kinetischen Bedingungen durchgeführt.

Für die Messung der PM-Emissionen wird das Gerät TSI DustTrak DRX verwendet. Das Gerät nutzt das Funktionsprinzip des lichtstreuenden Laserphotometers, um die Partikelmasse in fünf Größenfraktionen zu messen. Das DustTrak misst PM im Größenbereich von 0,1–15 μm, liefert aber auch Daten für PM_{10}, welche in dieser Studie verwendet wurden.

Die PN-Emissionen werden mit zwei Geräten gemessen, die Partikel in unterschiedlichen Größenbereichen erfassen. Das Cambustion DMS500 ist ein Gerät vom Typ Fast Mobility Particle Sizer (FMPS), das den zu messenden Partikelstrom elektrisch auflädt und die Korrelation von Partikelgröße und elektrischer Mobilität nutzt, um die Partikel entsprechend ihrer Größe zu trennen [8]. Das DMS kann sehr kleine Partikel ab einem Durchmesser von 5 nm bis 1 μm messen.

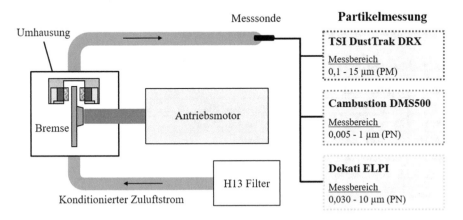

Abb. 1. Prüfaufbau des Emissionsprüfstands

Das Dekati ELPI ist ein impaktorbasiertes Messgerät, bei dem die Partikel in einer Düse beschleunigt werden. Der Partikelstrom wird zu einer senkrecht zum Volumenstrom stehenden Impaktorplatte geleitet, wo kleinere Partikel den Stromlinien um die Impaktorplatte folgen können. Größere Partikel können aufgrund ihrer Trägheit den Stromlinien nicht folgen und werden auf der Impaktorplatte abgeschieden. Die Geometrie der Düse und der Impaktorplatte sowie die Strömungsgeschwindigkeit bestimmen den aerodynamischen Abscheidedurchmesser jeder Stufe [9]. Dieses Messverfahren ermöglicht eine PN-Messung im Größenbereich von 30 nm–10 μm.

Es ist wichtig, sich der unterschiedlichen Messbereiche des DMS und des ELPI bei der PN-Messung bewusst zu sein, um die Ergebnisse richtig zu interpretieren. Während das DMS sehr feine Partikel misst, detektiert das ELPI eher größere Partikel, obwohl es in den Messbereichen eine große Überlappung gibt.

2.2 Bremssystem und Proben

Die Prüfstandstests werden mit einer PKW Festsattel-Hinterachsbremse durchgeführt. Die Abmessungen von Scheibe und Bremsbelag sind bei allen Prüfungen gleich. Der Scheibendurchmesser beträgt 278 mm und der Reibring hat eine Dicke von 9 mm. Die Bremsbeläge haben eine Fläche von 27 cm^2. Für alle Prüfungen wird der gleiche Bremssattel und der gleiche Prüfstand verwendet. Um die Auswirkungen verschiedener Reibmaterialien und Reibmaterialklassen beurteilen zu können, werden zwei low-metallic (LM) und zwei asbestfreie organische (NAO) Reibmaterialien in Kombination mit einer massiven Bremsscheibe aus Grauguss (GG) untersucht. In beiden Reibmaterialklassen (LM und NAO) wird je ein hoch- und ein niedrig-verschleißendes Material für die Untersuchung ausgewählt.

Zusätzlich wird ein angepasstes low-metallic Reibmaterial auf einer Graugussscheibe getestet, die im HVOF-Thermospritzverfahren mit Wolframcarbid (WC) beschichtet wurde. Die Abmessungen der WC-beschichteten Scheibe sind die gleichen wie bei der Standard-GG-Scheibe. Eine Übersicht über die verwendeten Teile und eine eindeutige Bezeichnung ist in Tab. 1 angegeben.

Tab. 1. Übersicht der in dieser Studie verwendeten Reibmaterialien und Bremsscheiben

Name	Reibmaterial	Bremsscheibe
LM1	Standard low-metallic, hoch-verschleißend	Grauguss (GG) Scheibe
LM2	Standard low-metallic, niedrig-verschleißend	
NAO1	Standard NAO, hoch-verschleißend	
NAO2	Standard NAO, niedrig-verschleißend	
LM3	Angepasster low-metallic für WC-beschichtete Scheiben	WC-beschichtete GG-Scheibe

2.3 Testzyklus

In dieser Studie wird ein Testzyklus verwendet, der auf realen Fahrdaten basiert. Die Basisdaten wurden bei einem Fahrzeugtest in der Kölner Innenstadt sowie in einem ländlichen Gebiet in der Nähe von Köln ermittelt. Die Stadtrunde des Prüfzyklus besteht aus 188 Bremsungen mit einer mittleren Anfangsgeschwindigkeit von 42,9 km/h und einer mittleren Verzögerung von 18,7 %g. Die Landrunde des Prüfzyklus besteht aus 322 Bremsungen mit einer mittleren Anfangsgeschwindigkeit von 62,1 km/h und einer mittleren Verzögerung von 21,8 %g. Alle Bremsungen sind temperaturgeführt, d. h. die Scheibentemperatur wird vor jeder Bremsung auf eine vorgegebene Anfangstemperatur abgekühlt. Dies führt zu einer unterschiedlichen Laufzeit von Tests mit verschiedenen Bremssystemen aufgrund des veränderten Kühlverhaltens. Der gleiche Effekt kann auftreten, wenn verschiedene Bremsscheiben in dem gleichen Bremssystem verwendet werden.

Der Kölner Stadt-Land-Zyklus besteht aus einer Landrunde als Einlauf, gefolgt von einer Stadtrunde und einer Landrunde mit Messung der Bremsemissionen. Eine grafische Darstellung des verwendeten Prüfzyklus ist in Abb. 2 zu finden. Die Abbildung enthält auch Temperaturdaten aus einer Prüfung mit LM1-Teilen (siehe Tab. 1), um einen Eindruck davon zu vermitteln, welches Temperaturniveau während der Prüfung zu erwarten ist.

Der Kölner Stadt-Land-Zyklus repräsentiert im Durchschnitt Bremsungen mit höheren Verzögerungen und höheren Anfangsgeschwindigkeiten als der neue WLTP-basierte Bremsemissions-Testzyklus. Der neue WLTP-basierte Bremsemissions-Testzyklus besteht aus 303 Bremsungen mit einer mittleren Anfangsgeschwindigkeit von 41,6 km/h und einer mittleren Verzögerung von 9,9 %g. Dennoch wurden Maximaltemperaturen gemessen, die etwa auf dem gleichen Niveau liegen, während die Durchschnittstemperaturen im Kölner Stadt-Land-Zyklus um ~20–30 °C höher sind. Dieser Temperaturvergleich basiert auf verschiedenen Bremssystemen, die in den jeweiligen Tests verwendet wurden und ist daher als grobe Schätzung zu verstehen.

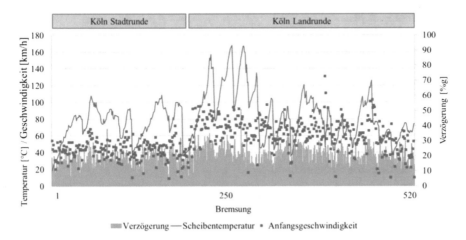

Abb. 2. Überblick über den Zyklus Köln-Stadt und Köln-Land

Es ist darauf hinzuweisen, dass der genutzte Kölner Stadt-Land-Zyklus kein repräsentativer Testzyklus für das durchschnittliche weltweite Fahrverhalten ist. Er stellt kein standardisiertes Prüfverfahren dar und kann keine belastbaren absoluten Werte für die Messung der Bremsemissionen liefern. In Zukunft wird der neue WLTP-basierte Bremsemissions-Testzyklus eingesetzt, um genau diese Anforderungen zu erfüllen. Da dieser Zyklus zum Zeitpunkt der in dieser Studie durchgeführten Tests nicht definiert war, wurde der Kölner Stadt-Land-Zyklus verwendet. Bei zukünftigen Prüfungen zu Bremsenemissionen wird ein klarer Fokus auf den neuen WLTP-basierten Bremsemissions-Testzyklus gelegt.

In dieser Studie werden normierte Emissionsergebnisse dargestellt, um der Tatsache Rechnung zu tragen, dass die Ergebnisse auf einem nicht normierten Prüfzyklus basieren und die absoluten Werte bei Verwendung eines anderen Prüfzyklus sehr unterschiedlich sein können.

3 Ergebnisse und Diskussion

Mit dem in Abschn. 2 beschriebenen Versuchsaufbau wurden zahlreiche Tests zur Untersuchung der Bremsemissionen eines Hinterachsbremssystems mit den in Tab. 1 beschriebenen Reibmaterialien und Bremsscheiben durchgeführt.

In Anbetracht der Tatsache, dass der für diese Untersuchung verwendete Prüfzyklus keinen standardisierten Prüfzyklus darstellt, ist die Ergebnisdarstellung unterteilt in Überlegungen zu grundlegenden Erkenntnissen und ein Material-Screening.

Die grundlegenden Erkenntnisse, die durch die Auswertung der Ergebnisse gewonnen werden können, sind unabhängig vom tatsächlich verwendeten Prüfzyklus und gelten auch für andere Lastprofile, da sie sich auf Messgrößen wie Verschleiß und Temperatur beziehen, die für die meisten Prüfungen an Schwungmassenprüfständen zur Verfügung stehen.

Das Material-Screening basiert auf dem Kölner Stadt-Land-Zyklus und liefert PM- und PN-Emissionsdaten, die vom Prüfzyklus abhängig sind. Diese Daten können daher nicht sinnvoll mit Ergebnissen aus anderen Prüfzyklen verglichen werden oder zur Bewertung absoluter Emissionswerte herangezogen werden. Dennoch ermöglicht das Material-Screening einen normierten Vergleich verschiedener Reibmaterialklassen und Scheibenkonzepte in Bezug auf die Bremsemissionen und kann wichtige Hinweise geben, wie man die zukünftige Reibmaterialentwicklung effektiv angehen kann.

3.1   Grundlegende Erkenntnisse

Es gibt eine Vielzahl von Möglichkeiten, wie die Emissionsmessdaten eines Bremsemissionstests visualisiert werden können. Die wahrscheinlich verständlichste ist die Betrachtung der Gesamtmenge von PM und der Gesamtkonzentration von PN im Laufe eines Tests. Dieser Ansatz liefert jeweils einen einzigen Wert für die PM- und PN-Emissionen während des Tests und stellt eine einfache Möglichkeit dar, ein Bremssystem unter vorgeschriebenen Lastbedingungen zu charakterisieren. Sie berücksichtigt jedoch nicht die spezifischen Auswirkungen zeitabhängiger Einflussfaktoren wie Bremsgeschwindigkeit, Verzögerung oder Temperatur.

Abb. 3 zeigt die Korrelation von gesamten PM-Emissionen und Gesamtverschleiß bzw. die Korrelation von gesamten PN-Emissionen und Gesamtverschleiß. Der Gesamtverschleiß ist in diesem Zusammenhang definiert als die Summe der Gewichtsverluste der beiden Bremsbeläge und der Bremsscheibe während der Prüfung. Es zeigt sich, dass eine gute lineare Korrelation zwischen PM und Gesamtverschleiß ($R^2 = 87\%$) besteht, während eine solche Korrelation zwischen PN und Gesamtverschleiß nicht besteht ($R^2 = 21\%$). Dies bedeutet, dass eine Extrapolation vom Gesamtverschleiß von Bremsbelägen und Bremsscheibe auf die PM-Emissionen bis zu einem gewissen Grad möglich ist. Natürlich gilt diese Aussage nicht automatisch für unterschiedliche Lastbedingungen.

Ein bekannter Faktor, der einen besonders starken Einfluss auf die Bremsemissionen hat, ist die Temperatur [10]. Abb. 4 analysiert diesen Temperatureinfluss für den Fall von LM1, einem hoch verschleißenden low-metallic Reibmaterial gegen eine Graugussscheibe (GG). Abb. 4a zeigt auf der ersten y-Achse die vom DMS gemessenen gesamten PN-Emissionen gegen Temperaturklassen auf der x-Achse. Jede Klasse hat eine Breite von ~12 °C und die Gesamtkonzentration jeder Messung mit einer Scheibentemperatur innerhalb einer Klasse wird aufaddiert und als Balken angezeigt. Auf der zweiten y-Achse zeigt die Abbildung die kumulierten gesamten PN-Emissionen im Verhältnis zu den gesamten PN-Emissionen im Test als Linie. Abb. 4b zeigt die äquivalenten Ergebnisse der mit dem DustTrak gemessenen PM-Emissionen.

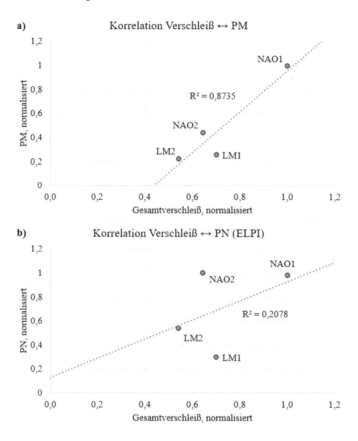

Abb. 3. Korrelation zwischen a) PM und Gesamtverschleiß, b) PN und Gesamtverschleiß

Es ist zu erkennen, dass für LM1 die PN-Emissionen bei Scheibentemperaturen über 140 °C massiv ansteigen. Nur 10–15 % der PN-Emissionen treten bei Temperaturen unter 140 °C auf. Bei den PM-Emissionen ist die Situation sehr unterschiedlich, da ~90 % der PM-Emissionen bei Temperaturen unter 100 °C auftreten, wo auch ~80 % der Bremsungen auftreten. Das beschriebene Verhalten wird sehr ähnlich auch bei Tests mit LM2, NAO1 und NAO2 beobachtet (siehe Tab. 1).

Für LM3, ein angepasstes low-metallic Reibmaterial gegen eine WC-beschichtete GG-Scheibe, ist die starke Temperaturabhängigkeit der PN-Emissionen nicht gegeben. Tatsächlich tritt der Großteil der PN-Emissionen (~80 %) bei Temperaturen unter 100 °C auf, wie aus Abb. 5a ersichtlich ist. Nur ~15 % der PN-Emissionen treten bei den höchsten Temperaturen über 140 °C auf. Die Verteilung der PM-Emissionen über die Temperatur ist den anderen untersuchten Materialien sehr ähnlich, was bedeutet, dass ~90 % der PM-Emissionen bei relativ niedrigen Temperaturen unter 120 °C auftreten (Abb. 5b). Es ist zu beachten, dass sowohl das allgemeine Temperaturniveau als auch die maximalen Scheibentemperaturen bei den Prüfungen mit WC-beschichteten Scheiben deutlich höher sind. Dieses Verhalten spiegelt sich in einem Anstieg der

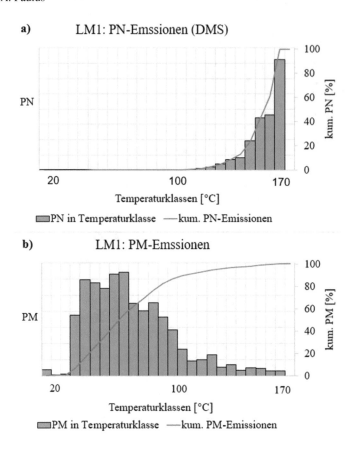

Abb. 4. PN-Emissionen (DMS) und PM-Emissionen in Abhängigkeit von der Temperatur für LM1

maximalen Temperatur von 167 °C im Falle von LM1 auf 212 °C im Falle von LM3 wider.

Beim Vergleich der PN-Ergebnisse von LM1 und LM3 ist zu beachten, dass die für LM3 gemessenen maximalen PN-Emissionen um zwei Größenordnungen niedriger sind als die maximalen PN-Emissionen für LM1. Die PM-Emissionen liegen auf dem gleichen absoluten Niveau.

Der unterschiedliche Zusammenhang zwischen Temperatur- und PN-Emissionen für verschiedene Scheibenkonzepte ist eine interessante Beobachtung und kann der Hauptgrund für die Vorteile sein, die beschichteten Scheiben bei der Reduktion von Bremsemissionen zugeschrieben werden. Ein weiterer Vergleich von LM1 und LM3 mit Fokus auf den zeitabhängigen Ergebnissen wird im nächsten Kapitel durchgeführt.

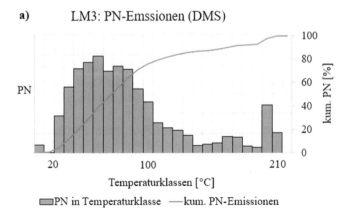

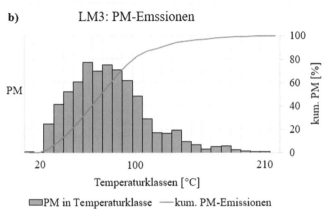

Abb. 5. PN-Emissionen (DMS) und PM-Emissionen in Abhängigkeit von der Temperatur für LM3

3.2 Gesamte PM- und PN-Emissionen

Das letzte Kapitel analysierte die Daten im Hinblick auf die grundlegenden Erkenntnisse, die durch die Auswertung der Daten gewonnen werden können. In diesem Kapitel wird das durchgeführte Material-Screening diskutiert und der Fokus auf den Vergleich von gesamten PM- und gesamten PN-Emissionen basierend auf dem in Abschn. 2.3 beschriebenen Kölner Stadt-Land-Zyklus gelegt.

Abb. 6 zeigt die vom DustTrak gemessenen gesamten PM-Emissionen, die vom DMS gemessenen gesamten PN-Emissionen und die vom ELPI gemessenen gesamten PN-Emissionen für alle in Tab. 1 beschriebenen Fälle. Es ist zu beachten, dass die beiden Messgeräte für PN-Emissionen Daten für verschiedene Partikelgrößenbereiche liefern. Das DMS misst die Anzahl der sehr kleinen Partikel (0,005–1 µm), während das ELPI die Anzahl der größeren Partikel (0,030–10 µm) misst. Die Datensätze von PM, PN (DMS) und PN (ELPI) sind in Abb. 6 visualisiert und werden innerhalb jedes Datensatzes normiert.

Betrachtet man die gesamten PM-Emissionen, so kann festgestellt werden, dass der höchste Wert für NAO1 auftritt, während LM2 und LM3 den geringsten Anteil an PM aufweisen, was der Aussage entspricht, dass hoch-verschleißende Reibmaterialien die höchsten PM-Emissionen innerhalb ihrer Reibmaterialklasse aufweisen. Dies ist eine plausible Beobachtung unter Berücksichtigung der in Abschn. 3.1 beschriebenen Ergebnisse, dass eine gute lineare Korrelation zwischen den gesamten PM-Emissionen und dem Gesamtverschleiß besteht.

Die höchste Gesamtkonzentration von PN für kleinere Partikel wird im Falle von LM1 beobachtet, während die niedrigsten PN-Emissionen für LM3 auftreten. Bei größeren Partikeln sind die höchsten PN-Emissionen für NAO2 und die niedrigsten für LM1 zu beobachten. Dies ist in gewisser Weise ein kontra-intuitives Ergebnis, da es bedeutet, dass im gleichen Test (LM1) relativ niedrige PN-Emissionen im größeren Partikelbereich und relativ hohe PN-Emissionen im kleineren Partikelbereich beobachtet werden. Daraus ergibt sich, dass die PN-Emissionen über den gesamten Bereich der Partikelgrößen mit besonderem Fokus auf sehr kleine Partikel berücksichtigen werden müssen, da diese überproportional zur Gesamtkonzentration von PN beitragen. Im Falle von LM1 sind die mit dem DMS gemessenen PN-Emissionen um eine Größenordnung höher als diejenigen, die mit dem ELPI gemessen wurden.

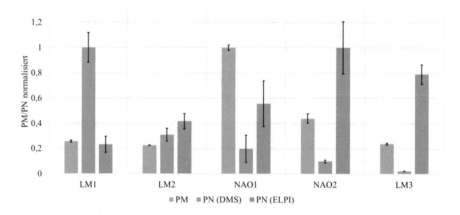

Abb. 6. Normalisierte gesamte PM/PN-Emissionen

Für die im Rahmen dieser Studie durchgeführten Tests scheinen low-metallic Reibmaterialien kritischer in Bezug auf PN-Emissionen besonders im Bereich sehr kleiner Partikel zu sein, während NAO Reibmaterialien kritischer in Bezug auf PM-Emissionen zu sein scheinen. Der Einsatz von WC-beschichteten Scheiben führt bei den im Rahmen dieser Studie durchgeführten Versuchen zu relativ niedrigen PM-Emissionen und niedrigen PN-Emissionen kleiner Partikel. Die relativ hohen PN-Emissionen größerer Partikel für LM3 werden dadurch relativiert, dass die PN-Emissionen größerer Partikel in absoluten Zahlen im Allgemeinen niedriger sind als die PN-Emissionen kleinerer Partikel.

Eine wichtige Tatsache, die durch die Tests bestätigt wurde, ist, dass sowohl die PM- als auch die PN-Emissionen berücksichtigt werden müssen, um ein Bremssystem hinsichtlich seines Emissionsverhaltens umfassend zu charakterisieren. Die gleiche Kombination von Bremsbelag und Bremsscheibe kann, relativ zu anderen Kombinationen, zu hohen PM- und gleichzeitig niedrigen PN-Emissionen führen und umgekehrt.

In früheren Studien wurde berichtet, dass insbesondere PN-Emissionen nicht gleichmäßig über die Prüfzeit verteilt auftreten, sondern in bestimmten Bereichen eines Tests konzentriert auftreten [10]. Dieses Verhalten lässt sich auch in den im Rahmen dieser Studie durchgeführten Tests beobachten. Abb. 7 zeigt die Scheibentemperatur und die kumulierten PM- und PN-Ergebnisse eines Tests mit LM1-Teilen über die Testlaufzeit. Die kumulierten Emissionsergebnisse werden als prozentualer Anteil an den Gesamtemissionen der Prüfung angegeben.

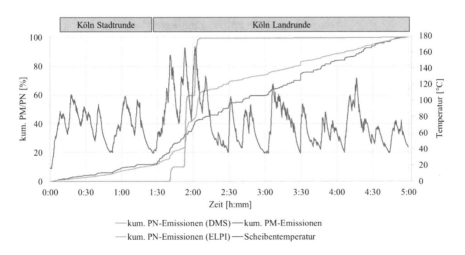

Abb. 7. Kumulierte PM/PN-Emissionen, LM1

Die Scheibentemperatur steigt nur in drei verschiedenen und relativ kleinen Zeitfenstern über 140 °C. Wie der Verlauf der kumulierten Gesamtkonzentration aus dem DMS zeigt, wird die Mehrheit der kleinen Partikel (<1 μm) in den Zeitfenstern emittiert, in denen die Scheibentemperatur 140 °C überschreitet. Für größere Partikel, die mit dem ELPI gemessen werden, ist dieses Verhalten nicht so ausgeprägt. Dennoch ist die Steigung der kumulierten PN-Emissionen (ELPI) zu Beginn der Landrunde, wenn die höchsten Scheibentemperaturen auftreten, deutlich höher als in den anderen Bereichen des Tests. Die PM-Emissionen sind relativ unabhängig von der Scheibentemperatur, zumindest für die bei dieser Prüfung beobachteten relativ niedrigen Temperaturen.

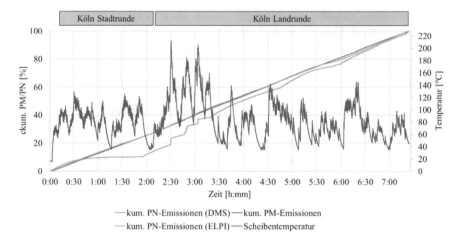

Abb. 8. Kumulierte PM/PN-Emissionen, LM3

Abb. 8 zeigt die Ergebnisse für LM3 mit einer WC-beschichteten Scheibe. Es ist zu erkennen, dass die höchsten Temperaturen zu den gleichen Zeitpunkten auftreten wie im Test mit LM1-Teilen. Das Verhalten dieser Kombination aus Reibmaterial und Scheibenkonzept zeigt ein sehr unterschiedliches Verhalten in Bezug auf die PN-Emissionen. Bei Betrachtung der mit dem ELPI gemessenen kumulierten PN-Emission werden die Emissionen gleichmäßig über die gesamte Laufzeit der Prüfung verteilt, ohne dass ein sichtbarer Temperatureinfluss vorliegt. Gleiches gilt für die PM-Emissionen. Die mit dem DMS gemessenen kumulierten PN-Emissionen zeigen nur einen geringen Einfluss der Temperatur. Die Steigung während des Hochtemperaturteils ist nur geringfügig höher als in anderen Teilen der Prüfung. Dies bestätigt die Erkenntnisse aus Abschn. 3.1, dass das System aus angepasstem low-metallic Reibmaterial und WC-beschichteter Scheibe die Temperaturabhängigkeit der PN-Emissionen nahezu eliminiert.

4   Zusammenfassung

Die vorliegende Studie untersucht den Einfluss verschiedener Reibmaterialklassen auf die Bremsemissionen in Bezug auf Partikelmasse (PM) und Partikelanzahl (PN). Ein Schwungmassenprüfstand wurde modifiziert, um den Anforderungen einer reproduzierbaren Bremsenemissionsmessung gerecht zu werden, und wurde zur Durchführung von Emissionsmessungen auf der Grundlage eines Köln Stadt-Land-Testzyklus verwendet.

Die Ergebnisse dieser Testkampagne führen zu einigen grundlegende Erkenntnissen in Bezug auf Bremsemissionen. Es wurde gezeigt, dass es eine gute lineare Korrelation zwischen gesamten PM-Emissionen und dem Gesamtverschleiß von Belag und Scheibe gibt, während eine solche Korrelation zwischen gesamten PN-Emissionen und dem Gesamtverschleiß nicht beobachtet wird. Die Temperatur erwies sich als

Auslöser für massive PN-Emissionen, insbesondere im kleinen Partikelgrößenbereich <1 µm. Reibmaterialien scheinen eine charakteristische Grenztemperatur zu besitzen, oberhalb derer die PN-Emissionen sehr schnell ansteigen. Dieses Verhalten wurde jedoch nur bei Graugussbremsscheiben beobachtet. Bei Verwendung von WC-beschichteten Bremsscheiben ist diese Grenztemperatur entweder nicht vorhanden oder wird auf deutlich höhere Temperaturen weit über 210 °C verschoben.

Ein Vergleich der gesamten PM- und gesamten PN-Emissionen verschiedener Reibmaterialklassen ergab, dass das gleiche Material im gleichen Test relativ hohe PM-Emissionen und relativ geringe PN-Emissionen aufweisen kann und umgekehrt. Darüber hinaus kann die Partikelgrößenverteilung von Material zu Material sehr unterschiedlich sein. Deshalb müssen PN- und PM-Emissionen getrennt betrachtet werden. PN-Emissionen müssen in einem Messbereich von ~5 nm bis 10 µm gemessen werden.

Die Ergebnisse dieser Studie zeigen, dass sowohl das Reibmaterial als auch das Scheibenkonzept vielversprechende Ansätze zur Bewältigung zukünftiger Herausforderungen bei der Reduzierung der Bremsemissionen von Bremssystemen bieten. Um zuverlässige Aussagen darüber zu treffen, welche Kombination aus Reibmaterial und Scheibe die zukünftigen Bremsenemissionsanforderungen am besten erfüllt, müssen Messungen nach internationalen Normen zur Bremsenemissionsmessung durchgeführt werden. Diese Normen sind noch nicht endgültig definiert und werden derzeit von der UNECE PMP Gruppe entwickelt. Sie gewährleisten eine reproduzierbare und wiederholbare Messung der Bremsemissionen als Grundlage für die zukünftige Entwicklung und Regulierung.

Danksagung. Die in dieser Studie vorgestellten Ergebnisse hätten ohne die Unterstützung vieler TMD-Kollegen aus dem Prüffeld, dem Labor und dem Engineering nicht erreicht werden können. Mein besonderer Dank gilt Ilja Plenne, Dirk Welp, Jacob Techmanski und Dr. Axel Stenkamp.

Literatur

1. Denier van der Gon H, Gerlofs-Nijland M, Gehrig R, Gustafsson M, Janssen N, Harrison R, Hulskotte J, Johansson C, Jozwicka M, Keuken M, Krijgsheld K, Ntziachristos L, Riediker M, Cassee F (2013) The policy relevance of wear emissions from road transport, now and in the future. J Air Waste Manage Assoc 63:136–149
2. Asbach C, Todea AM, Zessinger M, Kaminski H (2019) Generation of fine and ultrafine particles during braking and possibilities for their measurement. In: XXXVII international µ-Symposium 2018 brake conference. Springer, Berlin, S 143–164
3. Mathissen M, Grochowicz J, Schmidt C, Vogt R, Farwick zum Hagen FH, Grabiec T, Steven H, Grigoratos T (2018) A novel real-world braking cycle for studying brake wear particle emissions. Wear 414–415:219–226
4. Breuer B (2012) Bremsenhandbuch, 4. Aufl. Springer Fachmedien, Wiesbaden
5. Grigoratos T, Martini G (2015) Brake wear particle emissions: a review. Environ Sci Pollut Res 22:2491–2504

6. Hagino H, Oyama M, Sasaki S (2016) Laboratory testing of airborne brake wear particle emissions using a dynamometer system under urban city driving cycles. Atmos Environ 131:269–278

7. Perricone G, Matějka V, Alemani M, Valota G, Bonfanti A, Ciotto A, Olofsson U, Söderberg A, Wahlström J, Nosko O, Straffelini G, Gialanella S, Ibrahim M (2018) A concept for reducing PM10 emissions for car brakes by 50%. Wear 396–397:135–145

8. Kaminski H, Kuhlbusch TAJ, Rath S, Götz U, Sprenger M, Wels D, Polloczek J, Bachmann V, Dziurowitz N, Kiesling HJ, Schwiegelshohn A, Monz C, Dahmann D, Asbach C (2013) Comparability of mobility particle sizers and diffusion chargers. J Aerosol Sci 57:156–178

9. Keskinen J, Pietarinen K, Lehtimäki M (1992) Electrical low pressure impactor. J Aerosol Sci 23:353–360

10. Farwick zum Hagen FH, Mathissen M, Grabiec T, Hennicke T, Rettig M, Grochowicz J, Vogt R, Benter T (2019) Study of brake wear particle emissions: impact of braking and cruising conditions. Environ Sci Technol. https://doi.org/10.1021/acs.est.8b07142

Urban Air Mobility – Herausforderungen und Chancen für Lufttaxis

Carsten Rowedder[✉]

Composite Technology Center GmbH, 21684 Stade, Deutschland
carsten.rowedder@airbus.com

Zusammenfassung. This article provides information about the development status of Urban Air Mobility and its challenges. At the beginning an overview is given to running projects regarding the development of VTOLs and a comparison to different aircraft variants. The main challenges are described which have to be met on the way to successfully establish Urban Air Mobility to a wide audience. Subsequently the status of the licensing through the responsible authorities is given. Concluding all information is summarized and an outlook is given.

Schlüsselwörter: Lufttaxis · Urban Air Mobility · UAM

1 Einleitung

Ein Großteil der Weltbevölkerung lebt heutzutage bereits in Großstädten und ihren Ballungsgebieten, mit steigender Tendenz. In Deutschland sind es mehr als 75 % der Bevölkerung, die in Städten und urbanen Regionen wohnen. Prognosen nach leben in 2030 weltweit mehr als 500 Mio. Menschen in über 40 sogenannten Megacities, also Städten mit mehr als 10 Mio. Einwohnern.

Verkehrstechnisch stehen die Städte vor sehr großen Herausforderungen, da sie unter extremen Staus leiden. Der erwartete, signifikante Anstieg der Bevölkerungszahlen, insbesondere der Wachstum der Megacities, macht die Entwicklung von innovativen Konzepten für die Mobilität der Zukunft unumgänglich.

Weltweit wird an einer Lösung des Problems gearbeitet: die Erschließung des Luftraums – Urban Air Mobility. Kleine Fluggeräte, die senkrecht starten und landen und künftig autonom fliegen können, sollen bis zu fünf Passagiere befördern. Diese Vehikel transportieren dann Passagiere zu wichtigen Ziele wie Flughäfen und Stadtzentren. Derartige Luftfahrzeuge können auch für den Krankentransport oder für den Transport von Waren verwendet werden. Alle diese Vehikel werden senkrecht starten und landen und über elektrische oder hybride Antriebe verfügen. Dabei soll auf die flexiblen und individuellen Bedürfnisse der Menschen in Städten eingegangen werden, um die Urban Air Mobility als gesellschaftlich akzeptiertes, effizientes Transportmittel etablieren zu können.

© Springer-Verlag GmbH Deutschland, ein Teil von Springer Nature 2019
R. Mayer (Hrsg.): *XXXVIII. Internationales μ-Symposium 2019 Bremsen-Fachtagung,*
Proceedings, S. 49–54, 2019. https://doi.org/10.1007/978-3-662-59825-2_6

2   Lufttaxis

Im Brasilianische Sao Paolo verbringt man auf Fahrten vom Flughafen in die Stadt in der Regel zwei bis vier Stunden im Stau. Schon heute sind mehrere Hundert Helikopter für die Firma Voom im Einsatz und demonstrieren, wie der Einsatz von Lufttaxis funktionieren kann. Die Strecke vom Flughafen ins Zentrum ist in weniger als 10 min absolviert.

Allerdings ist der Aufbau von Hubschraubern sehr komplex. Dadurch sind Wartung und Betrieb von Hubschraubern sehr kostenintensiv. Zudem sind sie bezüglich Ihrer Flugeigenschaften ineffizient im Vergleich zu Fluggeräten, die gute Gleiteigenschaften mit sich bringen.

2.1   Aktuelle Konzepte

Aus diesem Grund fokussieren sich die Entwicklungen in zurzeit weltweit über 100 Projekten rund um Urban Air Mobility auf den Einsatz alternativer Antriebstechniken. Diese sind sowohl unter ökonomischen als auch ökologischen Gesichtspunkten sinnvoll. Sie werden zudem erheblich leiser sein als turbinengetriebene Hubschrauber.

Die nachfolgende Darstellung zeigt einen Überblick über die Vielzahl der Projekte zur Entwicklung von VTOLs (Abb. 1).

Diese Konzepte werden, anhängig von ihren Flugeigenschaften, in unterschiedliche Kategorien eingeteilt. Tab. 1 gibt einen Überblick.

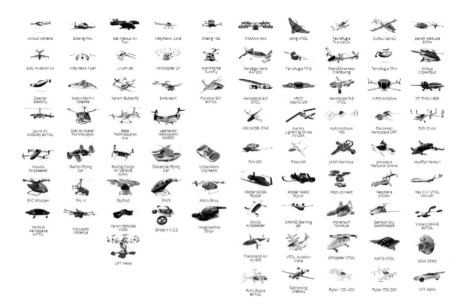

Abb. 1.   Übersicht Entwicklungsprojekte VTOLs [1]

Tab. 1. Varianten von Fluggeräten

Bezeichnung	Beschreibung
CTOL	Conventional Take-Off and Landing
VTOL	Vertical Take-Off and Landing
STOL (SSTOL, ESTOL)	Short Take-Off and Landing (Super Short Take-Off and Landing; Extremely Short Take-Off and Landing)
STOVL	Short Take-Off and Vertical Landing

CTOL bezeichnet konventionell startende und landende Flugzeuge, die Start- und Landebahnen zum Erreichen ihrer Startgeschwindigkeit bzw. zum Ausrollen benötigen. CTOLs sind die typische Betriebsart für Passagierflugzeuge.

Als VTOL wird ein Fluggerät bezeichnet, das senkrecht startet und landet und dazu in der Lage ist, einen Schwebflug durchzuführen. Dabei gibt es eine Vielzahl an Variationen der Ausführung und Gestaltung, beispielsweise als Starrflügler, als Hubschrauber oder auch angetrieben durch Kipprotoren. STOL bezeichnet Fluggeräte, die ebenfalls eine Startstrecke benötigen, diese aber deutlich geringer ist als die von CTOLs.

Neben den oben genannten Arten von Fluggeräten gibt es noch einige Unterarten als Kombinationen der unterschiedlichen Arten der Start- und Landeszenarien, auf die hier nicht weiter eingegangen wird.

In den unterschiedlichen Entwicklungsprojekten sind die unterschiedlichsten Konzepte und unterschiedliche Antriebsarten in Betrachtung. Der Bezeichnung e in eVTOL weist zum Beispiel auf einen elektrischen Antrieb hin, die wohl am häufigsten in Betracht gezogene Antriebsart für künftige Lufttaxis.

3   Herausforderungen

Neben den vielzähligen Mobility Startups, die sich mit der Entwicklung des Luftfahrzeugs selbst beschäftigt, arbeiten viele weitere an den weiteren Wertschöpfungsketten rund um die Lufttaxis. Für eine erfolgreiche Einführung und Etablierung von UAM ist eine ganzheitliche Betrachtung notwendig. Auf ein paar Punkte wird im Folgenden eingegangen.

3.1   Technische Herausforderungen

Ein Wegbereiter für die Entwicklungen der Urban Air Mobility sind die Entwicklungen im Bereich der Batterietechnik der letzten Jahre. Und trotzdem stellt die Leistungsdichte, also die Leistung pro Masse, für Batteriesysteme die wohl größte technische Herausforderung für Lufttaxis dar. Heutige Batteriesysteme haben eine Energiedichte im Vergleich zu Verbrennungsmotoren von ca. 1:50.

Daher setzen viele der Unternehmen, die sich mit der Entwicklung von Lufttaxis beschäftigen, auf hybride Antriebe. Der Leistungsbedarf beim Steigflug ist sehr hoch im Vergleich zu dem beim Vorwärtsflug. Diesen kurzzeitigen großen Bedarf an

Energie deckt man durch den Einsatz von Verbrennungsmotoren. Hybride Antriebe können zudem die Reichweite von Lufttaxis erhöhen.

Um das Einbringen großer Massen durch Batteriesysteme wieder auszugleichen, ist der Einsatz von extremem Leichtbau notwendig, beispielsweise durch die Verwendung von faserverstärkten Kunststoffen für die Struktur der Luftfahrzeuge.

Bezüglich ihrer Flugeigenschaften sind VTOLs in Punkto Leistungsfähigkeit meist nur ein Kompromiss. Zum Senkrechtstarten bzw. dem Schwebflug eignen sich eingesetzte Rotoren sehr gut, für den Vorwärtsflug allerdings.

3.2 Gesellschaftliche Akzeptanz

Das gesellschaftliche Interesse an Urban Air Mobility ist sehr groß. Airbus und Siemens haben beispielsweise im März 2018 ihren gemeinsam entwickelten Prototypen des sogenannten CityAirbus mehreren Tausend Interessenten vorgestellt. Wichtig ist aber auch die soziale und gesellschaftliche Akzeptanz von Urban Air Mobility. Einer Umfrage von McKinsey [2] nach würden ca. 50 % aller Befragten UAM unter bestimmten Umständen potenziell nutzen. Auch wenn diese Umfrageergebnisse repräsentativ sind, gehört zur Erreichung einer gesellschaftlichen Akzeptanz doch noch mehr.

Diese neue Form des Transportes muss nahtlos in bestehende Mobilitätssysteme wie Netzen des öffentlichen Nahverkehrs eingegliedert werden. Dies ist nicht nur notwendig, um eine gute Erreichbarkeit sicherzustellen, sondern auch, um zu vermeiden, dass Urban Air Mobility als Fremdkörper wahrgenommen wird.

Künftige Lösungen dürfen im Serienbetrieb die Kosten einer herkömmlichen Auto-Taxifahrt nicht überschreiten, damit sie jedem grundsätzlich zugänglich ist.

Vor dem Hintergrund, dass die Nutzungskonzepte solcher Lufttaxis den Flug über dicht besiedelten Gebieten vorsieht, ist das Thema Sicherheit, zum einen für die Passagiere, zum anderen für die Bewohner der Städte, ein weiterer Aspekt.

Nicht nur wegen der gesellschaftlichen Akzeptanz müssen von den Lufttaxis ausgehende Emissionen auf ein Minimalmaß reduziert werden. Gerade in Ballungsgebieten spielt die Lärmentwicklung eine große Rolle. Für die meisten der in Entwicklung befindlichen Vehikel wird bereits jetzt auf alternative Antriebssysteme wie Elektromotoren oder hybride Systeme gesetzt. Dies trägt zur Minimierung von Abgasemissionen durch Lufttaxis bei.

3.3 Infrastruktur

Für die flächendeckende Einführung von Lufttaxis als echte Alternative und Lösungsansatz gegen überfüllte Straßen sind umfassende Maßnahmen zur Schaffung von Infrastruktur notwendig. Um Lufttaxis effizient nutzen zu können und dadurch die Basis für eine gesellschaftliche Akzeptanz zu schaffen, ist es notwendig, zentrale und leicht erreichbare Landezonen oder -plattformen einzurichten.

Für den Passagiertransport per Lufttaxi werden unterschiedliche Nutzungskonzepte entwickelt. Eines sieht vor, auf festen Routen sogenannte Vertiports, also

Landezonen für vertikal startende und landende Fluggeräte, ähnlich heutiger Nahverkehrssysteme wie Bus und Bahn, zu bedienen. Ein anderes mögliches Nutzungskonzept ist die individuelle Anforderung eines Lufttaxis durch den Passagier zu möglichst nahegelegene Landezonen. Bei diesem Konzept spielt eine mögliche Fahrgastbündelung eine große Rolle. Durch Zusammenlegung von Fluggästen mit ähnlichem Ziel maximiert man die Anzahl der Passagiere pro Vehikel bei gleichzeitiger Reduzierung von Fluggeräten in der Luft. Schon heute bieten Mobilitätsdienste auf der Straße diese Art von Fahrgastbündelung an.

Setzt man auf einen individuellen, nahezu Tür-zu-Tür Service, ist eine sehr hohe Dichte an Vertiports notwendig. Dies verursacht hohe Kosten in der Schaffung dieser. Gleichzeitig wird allerdings die Möglichkeit der Nutzung eines Lufttaxis erheblich erleichtert und somit interessanter für ein breiteres Kundenfeld.

Die Schaffung eines weniger dichten Netzes an Vertiports reduziert die Kosten für die Schaffung von Infrastruktur, durch die schlechtere Erreichbarkeit ist das Angebot aber weniger attraktiv. Gerade bei diesem Nutzungskonzept ist eine Integration in bestehende Mobilitätssysteme eine Grundvoraussetzung für den Erfolg. Eine leichte Erreichbarkeit und eine gute Anbindung von Vertiports müssen gewährleistet sein.

3.4 Verkehrsmanagementsysteme

Für die Koordination des städtischen Luftverkehrs sind neue Verkehrsmanagementsysteme notwendig. Derartige Systeme müssen den städtischen Luftverkehr sicher organisieren und die bestehende Infrastruktur am Boden integrieren. Eingerichtete Vertiports müssen in das bestehende System Luftraum integriert werden.

Die Anforderungen an ein Verkehrsmanagementsystem steigen erheblich, wenn über autonomes Fliegen von Lufttaxis nachgedacht wird.

4 Zulassung von VTOLs

Die technologischen Hürden sind nur eine von vielen Herausforderungen bei der Entwicklung neuartiger Fluggeräte. Bestehende Luftfahrtzulassungen können nicht auf VTOLs angewendet werden. Diese Regelwerke decken die Regulierung für Starrflügler, Segelflugzeuge und Ballone ab. Die maßgeblichen Unterschiede zu bestehenden, bereits zugelassenen Fluggeräten bestehen zum einen darin, dass mehrere Rotoren über das VTOL verteilt angeordnet sind und zum anderen über die Fähigkeit des Schwebfluges verfügt. Ein weiterer Aspekt ist die Tatsache, dass im Falle eines Ausfalls des Antriebes VTOLs nicht über die Eigenschaft verfügen, durch Autorotation oder kontrolliertes Gleiten zu landen. Zudem muss das Regelwerk auch autonomes und elektrisches Fliegen berücksichtigen. Aus diesem Grund ist die Entwicklung einer technischen Spezifikation notwendig, um die Grundlage für eine Zertifizierung einer neuen Mobilitätskategorie wie die der VTOLs zu schaffen. Selbst für jetzt bereits notwendige Tests wird an Ausnahmeregelungen für bestehende Regularien gearbeitet, um diese zu ermöglichen. Das Gleiche gilt für die Normen für den Luftverkehr im städtischen Raum und das Überfliegen von Ballungsräumen.

Die Europäische Agentur für Flugsicherheit EASA (European Aviation Safety Agency) ist die Flugsicherheitsbehörde der Europäischen Union für die zivile Luftfahrt. Sie hat die Aufgabe, einheitliche und hohe Sicherheits- und Umweltstandards auf europäischer Ebene zu erstellen und zu überwachen. Sie hat vor kurzem einen Rahmen definiert, in dem VTOLs künftig zugelassen werden können und somit den Weg für den Einsatz geebnet [3]. Somit wird beteiligten Entwicklern eine gewisse Investitionssicherheit gegeben.

5   Zusammenfassung und Ausblick

Die Herausforderungen für Urban Air Mobility sind sehr vielfältig. Mit der Schaffung eines Rahmens zur Zulassung hat die EASA einen wichtigen Meilenstein gesetzt, UAM in die Luft zu bekommen. Weltweit arbeiten Industrieunternehmen mit Regulierungsbehörden und Regierungen gemeinsam an einem Gesamtkonzept, um das komplexe Vorhaben Urban Air Mobility ganzheitlich anzugehen und zum Erfolg – also in die Luft zu bringen. In Deutschland sind beispielsweise Audi und Airbus eine Partnerschaft eingegangen, die ganz eng mit regulierenden Behörden zusammenarbeitet. Diese Kooperation ist entscheidend für den Erfolg, da ohne die Unterstützung durch Behörden und Regierung solch ein Vorhaben nicht realisiert werden kann.

Die Schaffung der Infrastruktur für die Nutzung von VTOLs, um Ballungszentren verkehrstechnisch zu entlasten, ist aufwendig und kostenintensiv. Die Kosten für die Nutzung von VTOLs sind maßgeblich für den Erfolg von UAM. Doch selbst wenn UAM noch nicht flächendeckend eingeführt werden kann, könnte die Nutzung von Lufttaxis anfänglich rentable eingeführt werden. Die Einrichtung weniger Vertiports in ausgewählten Ballungszentren könnte für einen bestimmten Personenkreis einen hohen Nutzen bringen. So entsteht ein neues Mobilitätsangebot und dient als Impulsgeber für einen künftigen Markt und die breite Masse. Lufttaxis könnten somit künftig ein Transportmittel für Jedermann sein.

Nicht zuletzt kann das Vorhaben Urban Air Mobility erfolgreich sein, wenn bei potenziellen Passagieren der Spaß am Fliegen geweckt wird.

Literatur

1. https://transportup.com/the-hangar/. Zugegriffen: 12. Aug. 2019
2. https://www.nasa.gov/sites/default/files/atoms/files/uam-market-study-executive-summary-v2.pdf. Zugegriffen: 2. Aug. 2019
3. https://www.easa.europa.eu/sites/default/files/dfu/SC-VTOL-01%20proposed.pdf. Zugegriffen: 16. Juli 2019

Heat Cracks in Brake Discs for Heavy-Duty Vehicles: Influences, Interactions and Prediction Potential

Sami Bilgic Istoc[(⊠)] und Hermann Winner

TU Darmstadt, Darmstadt, Germany
bilgic@fzd.tu-darmstadt.de

Abstract. Occurrence of heat cracks frequently delays the development of new brake systems for heavy-duty vehicles. Due to various influences and interactions, the resistance of a brake disc is usually not predictable before testing it on the dynamometer. Earlier studies have identified numerous brake disc alloys or pad compositions that partially suppress crack growth. In this study, results from a dynamometer test are presented, using an extensive experimental setup that allows for a deeper description of the underlying effects and interactions leading to enforced crack growth. This way, the influence of microstructural transformations, hotbands, hotspots and side face runout on crack initiation and propagation is described. Hotspots cause microstructural transformations, damaging the brake disc surface thermally and lay the foundation for crack opening. Contrary to this, crack growth of open cracks does not depend on the presence of a hotspot but rather on the occurrence of convex side face runout. The described interactions are used to evaluate the prediction potential of heat cracks.

Keywords: Heat cracks · Brake disc · Heavy-Duty vehicle · Dynamometer testing

1 Introduction

Occurrence of heat cracks in brake discs often causes problems during the development of new brake systems for heavy-duty vehicles. The so-called heat crack test consists of several hundred braking cycles, each consisting of a 40-second drag braking phase at maximum speed in combination with a cooling period down to 50 °C. It has to be passed in order to release a brake system with new friction pairing. During the test, the brake disc is put under severe thermomechanical stresses, induced by non-uniform heating of the friction surface, which involves the formation of hot bands and hotspots. Resulting stresses cause plastic deformations, and, after a few cycles, fissures form. These fissures grow with each heat crack cycle. After the test, the entire friction surface of the brake disc is usually covered with multiple heat cracks. However, only a through thickness crack, i.e. a crack grown long enough to reach the cooling channel entails failure of the disc for the heat crack test. Since some brake discs

© Springer-Verlag GmbH Deutschland, ein Teil von Springer Nature 2019
R. Mayer (Hrsg.): *XXXVIII. Internationales µ-Symposium 2019 Bremsen-Fachtagung,*
Proceedings, S. 55–69, 2019. https://doi.org/10.1007/978-3-662-59825-2_7

pass the test with a huge number of large cracks and others fail the test because of the occurrence of a through thickness crack, still showing an equally high number of large cracks, the result of the heat crack test is usually not predictable.

In order to address the heat crack problem, previous studies have mainly focused on the influence of brake pad and disc material. It was reported that brake pads with a lower compressibility [1] and lower thermal conductivity generally enforce crack propagation. Lower pad compressibility is assumed to enforce hotspot formation and therefore induce higher thermomechanical stresses [2]. Contrary to this, higher thermal conductivity of the pad is assumed to smoothen the temperature distribution on the brake disc surface and reduce the hotspot formation accordingly. A vast number of alloys has been tested in order to find a heat crack resistant disc material. This resulted in some considerations about alloy elements improving cracking resistance, e.g. nickel [3]. Furthermore, graphite microstructure has been identified to have an influence on crack formation and propagation, since graphite lamellae forward cracks through the material structure [4–6]. However, graphite lamellae provide high thermal conductivity and therefore induce a smoother temperature distribution.

Unfortunately, the exact composition of brake pad and disc material is hardly controllable in series production resulting in varying heat crack test results for different batches. For this reason, this study focuses on the influence of disc geometry, which remains steady from batch to batch. This way, the influence of side-face runout (SRO) and disc thickness variation (DTV) on crack propagation has been described [7]. Furthermore, a new model describing the heat crack formation in brake discs has been presented, giving an overview of the underlying processes leading to cracking [8]. The focus of this paper is put on the chain of effects leading from hotspot formation to cracking. In relation to this, several observations have been made. Generally, several authors have described the basic causal chain and the coincidence of the occurrence of hotspots and heat cracks [9–11]. Several models explaining the formation of hotspots have been presented as well [12, 13]. Le Gigan et al. stated that manifestation of hotspots enforces crack growth at the respective hotspot positions [14]. In relation to this, microstructural transformations are assumed to have an influence on heat crack formation in brake discs [15]. However, results described in these studies could not be generalized, and none of the studies has presented results explaining an entire causal chain from disc deformation, formation of hotspots and microstructural transformations leading to disc cracking.

According to this, research objectives are deducted for this paper: the first research objective covers disc surface topology, including SRO and DTV. The second research objective focuses on the influence of hotspots and hotbands, especially on their spatiotemporal distribution. The third research objective aims on the influence of microstructural transformation and their interaction with hotspots and hotbands. Finally, the fourth research objective targets the investigation of crack growth in relation to the preceding research objectives.

2 Methods

In order to address the research objectives described before, it is necessary to combine an extensive experimental setup with numerical methods. The behavior of the brake disc is monitored during the dynamometer test by measurement of disc deformation, disc surface temperature and crack pattern evaluation. Microstructural transformations are observed in material experiments. Finally, numerical methods allow for the analysis of the stress state of the brake disc during the heat crack test, not only on the friction surface but also in the friction rings.

2.1 Experiments on the Dynamometer

The heat crack test is conducted on the dynamometer to ensure repeatability and comparability between different brake discs and pads. The temperature distribution on the friction surfaces of the brake disc is evaluated using a thermographic camera running in line mode. To check for the accuracy of the emissivity dependent readings of the thermographic camera, a pyrometer and sliding thermocouples are used. Heat cracks are detected using an eddy-current heat crack detector developed at TU Darmstadt [16], scanning the brake disc's surface at 20,000 samples per revolution. Lastly, disc deformation is monitored using a set of capacitive sensors at radial inner, center and outer position on both friction ring sides.

The thermographic camera generates an image of the temperature distribution $T(r, \varphi)$ for each revolution of the brake disc during the braking period, which allows for analysis of hotband and hotspot distribution (Fig. 1 left). For further evaluation, the images of all heat crack cycles (N) can be combined into pattern figures by maximization (Fig. 1 right), showing the migration of hotspots $T_{\max}(\varphi, N)$ and allowing for comparison with patterns generated by the data of other quantities.

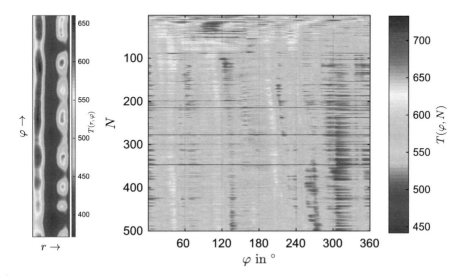

Fig. 1. Thermographic image (left), generated by the thermographic camera, showing two hotbands and several hotspots on the friction ring in polar coordinates; pattern of maximum temperatures (right) generated by combination of maximum hotspot temperature readings of each thermographic image

Heat cracks are evaluated by scanning both friction rings in multiple rings after each cool-down and generating a crack image (Fig. 2) by connection of detected fissures. Additionally, data from the crack detector is formed into pattern figures for comparison with temperature and deformation patterns. Furthermore, the length of each crack can be tracked individually throughout the entire test.

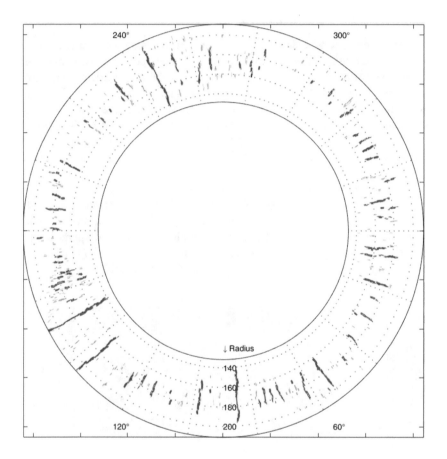

Fig. 2. Detected cracks on the friction ring surface

Finally, disc deformation is monitored on micrometer scale using the capacitive sensor setup. The high sampling rate of 10 kHz does not only allow for evaluation of coning but also for evaluation of SRO and DTV. Since SRO and DTV is linked to hotspot formation and crack growth [7], patterns of SRO and DTV as well as spectrograms (Fig. 3) of these quantities can be evaluated. In this paper, results from the evaluation of SRO and DTV patterns on radial center position are presented.

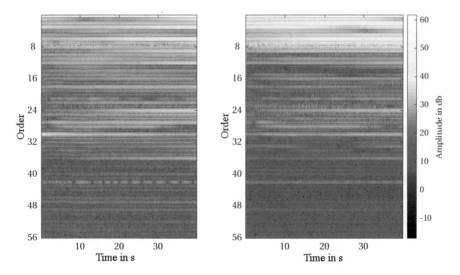

Fig. 3. Spectrogram of DTV (left) and SRO (right) during a 40 s heat crack test braking cycle

2.2 Material Experiments

For detection of microstructural transformations, micrographs are made at selected positions of the friction ring. This allows for evaluation of transformation depth in relation to hotspot or crack locations. Transformation depth is a quantification for the amount of thermal damage, which is the base for the formation of fissures.

2.3 Numerical Methods

Since the observation of stresses in the friction area is hardly possible during the heat crack test on the dynamometer, numerical methods are applied to evaluate the stress distribution in the brake disc and on the friction ring surfaces. Results are described in another study by the authors [17]: hot spots and hotbands cause compressive stresses in circumferential direction, which turn into tensile residual stresses after cool-down and finally cause cracking. Furthermore, residual tensile stresses seem to concentrate in radial center position of the friction ring. For that reason, evaluation of disc deformation is done for radial center position in the next chapter.

3   Results

In this chapter, results from a heat crack test with a newly designed brake disc are presented. The brake disc passed the test by withstanding 500 heat crack cycles without the occurrence of a through-thickness crack. Numerous effects have been observed using the experimental setup described in the previous chapter that participate in answering the research objectives formulated in this paper. The evaluation focuses on the

hat side of the brake disc, since that side shows more severe crack growth compared
to the piston side because of its connection to the neck.

3.1   Crack Growth

The evolution of all crack lengths that have been recorded during the entire heat crack
test is shown in Fig. 4. Since crack growth does not start from the first cycle on, several cracks are detected by the heat crack detector after the 51st cycle. It should be
noted that the test was paused after the application of 50 heat crack cycles for several
hours in order to inspect the brake disc. Apparently, the first cracks opened up during
this pause. Then, most of the friction surface is covered with small cracks. While
crack free areas are located between crack prone areas, the longest cracks show up
in one area at $220° < \varphi < 260°$. A single, large crack opens up at $\varphi = 226°$ just after
the 51st heat crack cycle, which becomes, besides three other cracks closely together
in this area, the largest crack at the end of the test (cf. Fig. 5). Its length reaches roughly 50 mm, which appears to be some sort of saturation length for cracks in this area,
since crack growth rates are degressive for the four longest cracks. Maximum crack
length is limited by the width of the friction ring, which is 85 mm.

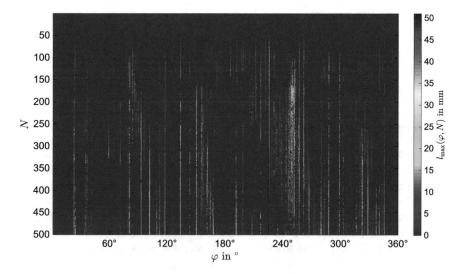

Fig. 4.   Crack growth pattern on the hat side

Generally, numerous smaller cracks open up in groups close together, e.g. at
$\varphi \geq 80°$, $\varphi \geq 155°$ and $\varphi \geq 245°$. In these areas, a slow migration of crack opening
zones is visible, for $\varphi \geq 80°$ and $\varphi \geq 155°$ to the right, i.e. in rotation direction, and
for $\varphi \geq 245°$ to the left, i.e. against rotation direction. Smallest cracks also close
in these areas in the respective direction, i.e. the closing pattern correlates with the
opening pattern.

Furthermore, areas showing a large number of small, opened cracks as well as crack opening areas in general match the positions where hotspots occur (cf. Fig. 6). Contrary to the findings of [14], the large crack at $\varphi = 226°$ keeps growing steadily, even after the manifested hotspot moved away from the crack. Still, areas of strong crack growth match areas of strongly convex SRO in hot state (cf. Fig. 7) and narrow, strong DTV in cold state (cf. Fig. 8), which is consistent with the findings of [7].

The length of the crack at $\varphi = 261°$ nearly triples after $N \geq 320$. This is caused by connection of two smaller cracks into one large crack and not by extreme crack growth rates.

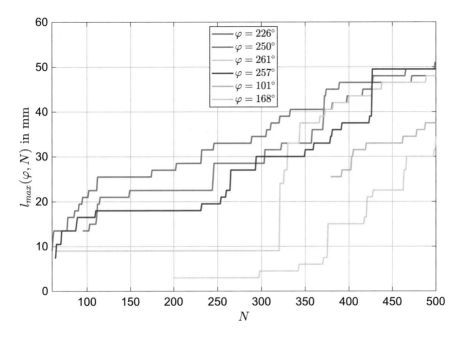

Fig. 5. Crack lengths of the six longest cracks

3.2 Hotspot-Migration

By evaluation of maximum temperatures, the hotspot pattern (Fig. 6) is generated. It shows a quick migration of 7 hotspots during the first 50 heat crack cycles. Apparently, this quick migration does not instantly start crack growth, as the first cracks start growing after the migration movement has stopped. However, due to the quick migration, the entire friction surface suffers from thermal damaging during the first 50 cycles, which will be discussed in Sect. 4.1. The hotspot pattern strongly correlates with the SRO pattern in hot state (Fig. 7). It still correlates slightly with the DTV pattern in hot state. After cool down, patterns correlate less, especially for DTV (Fig. 8). After fixation ($N \geq 50$) of the hotspots, three broad and hot hotspots form at $\varphi = 195°$, $\varphi = 240°$ and $\varphi = 300°$. These hotspots partly match the positions of crack opening. Furthermore, as described before, the slow movement of the hotspots matches the crack opening areas. Thus, hotspots seem not to be a necessary condition for strong crack growth of already opened cracks. After $N \geq 200$, when the hotspots around $\varphi = 226°$ vanish or move away the crack still keeps growing and even increases its growth rate compared to the average growth rate for $100 \leq N \leq 200$ (cf. also Figs. 4 and 5). Still, the crack concentrates the heat in this area and creates some sort of micro hotspot around itself, which is consistent with the findings of [14].

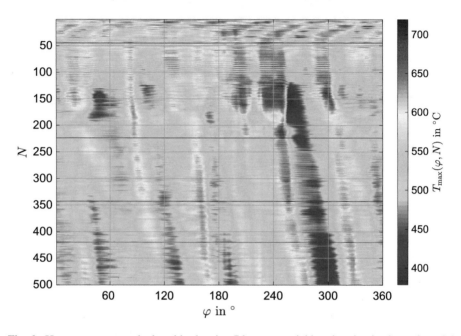

Fig. 6. Hotspot pattern on the hat side showing 7 hotspots quickly migrating in circumferential direction during the first 50 cycles, which are replaced later by fixed and slowly migrating hotspots

One area around $\varphi = 280°$ remains exceptionally cool. This area migrates slowly and similar to the hotspot migration throughout the test, too. The brake disc is also relatively thinner (low DTV value) in this area, which might explain the low temperatures acquired here. Nevertheless, the absence of high temperatures does not seem to inhibit the growth of cracks that have already opened in this area.

Generally, measured temperatures reach around 700 °C in hotspot areas, which is sufficient for microstructural transformations, especially under the assumption that the temperatures in the friction zone under the brake pad are even several hundred degrees higher.

3.3 SRO/DTV

Figure 7 shows the SRO (top) and DTV (bottom) pattern of the brake disc captured in hot state, i.e. at the end of each braking cycle. The overall appearance of the SRO and DTV patterns is similar to those presented in previous studies [7, 8]. While the pattern of convex SRO is similar to the hotspot pattern regarding migration patterns

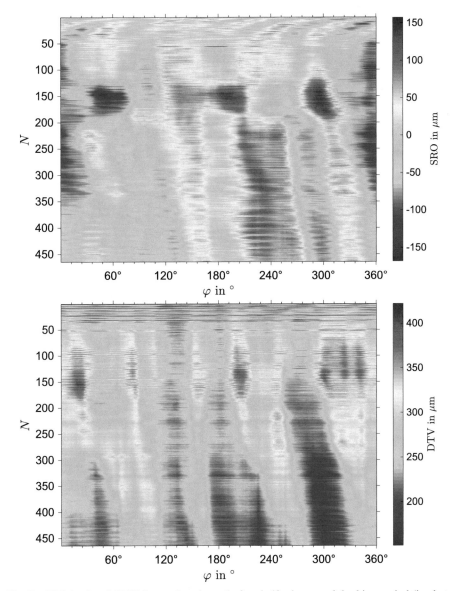

Fig. 7. SRO (top) and DTV (bottom) at the end of each 40 s heat crack braking period (i.e. hot state), measured at radial center position. High values indicate convex deformation towards the hat side of the brake disc.

and clustering of hot areas, convex DTV seems to be less linked to the formation of hotspots, except for the cool area at $\varphi = 300°$, where the brake disc is rather thin. In contrast to the hotspot pattern, SRO remains high in the area of $\varphi = 226°$, where one of the longest cracks grows. In the SRO pattern in hot state is also an angular shift visible at $125 < N < 175$, which is not visible in any of the other patterns and cannot be explained at this point. Even the pattern of SRO in cold state does not show any remark of this shift. However, the hotspot pattern shows at least one cool area around $\varphi = 60°$ during the cycles where the shifting takes place.

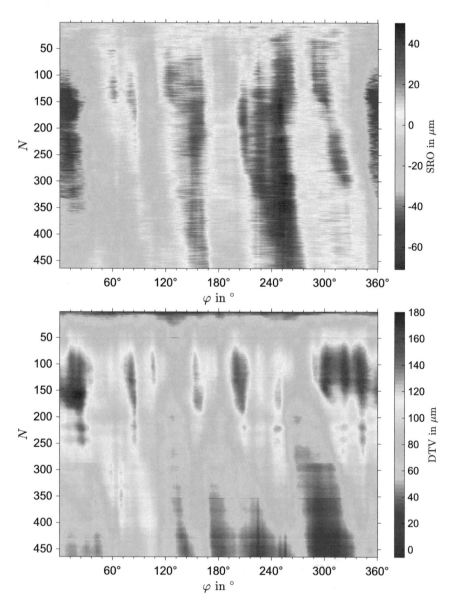

Fig. 8. SRO (top) and DTV (bottom) at the end of each cool down period (i.e. cool state)

For both SRO and DTV the amplitude roughly doubles or triples in hot state compared to the amplitude evaluated in cool state. This means that the brake expands thermally, resulting in growth of DTV, but also gets less stiff regarding its circumferential stiffness against SRO. Additionally, in contrast to SRO, DTV amplitudes lower in the course of the test, i.e. the brake disc shrinks.

After around half of the test, the largest cracks become visible in all deformation patterns. That means that the cracks do not close in hot state, regardless of the compressive stresses in circumferential direction, at least after a certain crack width has been reached.

3.4 Microstructure

Since measured temperatures are high enough in hotspot areas for microstructural transformations, cross-section micrographs are evaluated in order to detect them. Figure 9 shows a micrograph of a region, where a hotspot has remained over several hundred cycles. It has been taken from another brake disc than the one that has been reported in the remaining result section of this paper. Totally four micrographs have been made in which the measured depth of microstructural transformations varied between 0 and 800 μm. However, in Fig. 9 the measured depths of the microstructural transformations vary strongly between 0 and 204 μm within a distance of roughly 1 mm. The former dominant pearlitic microstructure transforms into ferrite and cementite [8].

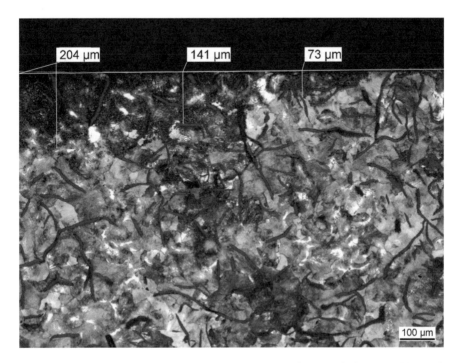

Fig. 9. Microstructural transformations of varying depth in close proximity at the friction ring surface

4 Discussion

4.1 Influences and Interactions

The results described in the previous section indicate that several influences initiate crack opening and accelerate crack growth.

First crack opening is measured after 50 cycles. Before, 7 harmonic hotspots propagate over the entire friction surface. Hotspot temperatures are high enough to engage microstructural transformations. These microstructural transformations have been detected in hotspot regions as well. Transformation depths vary locally strongly by over 100 μm per mm. This indicates that the hotspots do not cause evenly distributed damage to elliptical areas as they appear on the thermographic camera. Hotspots consist rather of scattered micro hotspots, which distribute thermal damage on the friction surface. It is assumed that these hotspot act as the dominant influence for crack initiation and opening. Hotspot patterns match the areas where cracks open up. Simultaneously, crack closure is detected wherever a hotspot moves away from a crack-opening zone. Due to the inspection break of several hours after the first 50 heat crack cycles, cracks opened up in the entire friction zone at radial center position and became visible for the heat crack detector, which is consistent with the findings of numerical studies that show a concentration of residual tensile stresses in a "stress band" at radial center position.

Moreover, hotspots in general seem to be caused mainly by SRO rather than by DTV, which is partly in contradiction to findings of some earlier studies of other authors, since the hotspot pattern matches the SRO pattern better than the DTV pattern. The absence of a hotspot does not inhibit crack growth, since a crack detected at $\varphi = 226°$ continues growing and even grows faster after the hotspots have moved away from its position. Still, high convex SRO is present at the crack location, which might accelerate crack growth equivalent to the presence of a hotspot. Generally, crack prone areas of the friction ring match the positions of convex SRO, which indicates that crack growth is dominantly accelerated by SRO. This confirms the results presented by the authors in an earlier study [7].

After a certain crack length has been reached, cracks continue growing in the course of the test. Nonetheless, crack growth rates are mostly degressive, assumedly for two reasons: first, cracks initiate at radial center position of the friction ring, where maximum tensile stresses are present. After they have grown out of the "stress band", tensile stresses are lower and crack growth rates diminish. Second, the opening and growth of other cracks relaxes the friction ring and therefore lowers the tension in the entire ring, causing lower crack growth rates for each of the longer cracks in the course of the test.

In conclusion, cracks are initiated and opened by thermal damaging caused by hotspots and microstructural transformations. Hotspots themselves are mainly caused by SRO, which also is solely sufficient to engage crack growth of cracks that have already reached a certain length, even when a hotspot is not present at the respective crack location (Fig. 10).

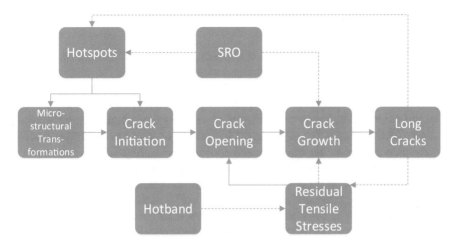

Fig. 10. Chain of effects and influences on crack growth deducted from the results of this paper

4.2   Prediction Potential

Since several influences and interactions have been identified by now, the next objective is the prediction of heat cracks for certain brake disc designs. The heat crack test is a time consuming and expensive test, and should be passed by prototypes ideally in the first round. Ideally, numeric models should be capable of forecasting the result of the heat crack test before physical testing.

In order to implement a valid numeric model with forecasting ability, all influences on crack growth have to be taken into account. As the chain of effects deducted in the previous section suggests, crack propagation is at least dependent on, along with other possible influences, the evolution of hotspots, hotbands, residual tensile stresses and SRO. Residual tensile stresses can be calculated using valid material models for grey cast iron. Several other authors have presented such models in the past. While the formation of hotspots and hotbands generally follows patterns, that have been identified in other previous works as well, results from this paper indicate that microstructural transformations, induced by hotspots, occur far more scattered and locally varying than a simple assumption of a hotspot as an elliptically overheated area could represent in a valid way. The same accounts for the amplitude of SRO, which strongly depends on the accuracy achieved during the cast process, besides other variances of the brake disc material and the brake pad composition of the current batch. This makes an exact, quantitative numeric forecast of the result of the heat crack test hardly possible.

However, qualitative comparison of the heat crack resistance of different brake disc geometries is possible. In order to achieve this, the tendency of the respective brake disc design to suppress the influences mentioned in this article have to be estimated.

5   Conclusion and Outlook

In this paper, the chain of effects from hotspots, hotbands, SRO, and microstructural transformations leading to crack initiation and growth has been formulated. Partially contrary to the findings of earlier studies, crack growth is not directly dependent from the occurrence of a hotspot at the respective crack location. Moreover, the presence of strong convex SRO seems to accelerate crack growth of cracks that have already reached a certain length. The migration of hotspots has been described as well, as they quickly propagate over the entire friction surface in circumferential direction during the first 50 heat crack cycles. After that, a manifestation takes place, which is coupled with crack opening at hotspot positions. Slow hotspot movement influences crack opening and closing zones during the remaining cycles of the test. Crack growth rates have been found out to be degressive during the test and crack lengths seem to grow until they reach some sort of saturation limit due to concentration of circumferential stresses or relaxation by crack opening.

Furthermore, the prediction potential of the cracking tendency of new brake disc designs has been evaluated. While quantitative forecasting of the result of the heat crack test is hardly possible, qualitative comparison between different designs seems to be achievable using numeric models. This should be a research objective for future studies and could greatly reduce test effort and development costs of new brake systems.

Another future objective is the prediction of the result of the heat crack test while the test is still running. This would reduce the test effort as well. For this kind of prediction, statistical measures based on the data of previous tests could be used, which take into account that crack growth rates are usually degressive in the course of the test. Other influences on crack growth have been described in a previous study by the authors [18].

References

1. Brezolin A, Soares MRF (2007) Inffiuence of friction material properties on thermal disc crack behavior in brake systems. In: Inffiuence of friction material SAE Brasil 2007 Congress and Exhibit. SAE International, Warrendale, PA, United States
2. Kim D-J, Lee Y-M, Park J-S et al (2008) Thermal stress analysis for a disk brake of railway vehicles with consideration of the pressure distribution on a frictional surface. Mater Sci Eng, A 483–484:456–459. https://doi.org/10.1016/j.msea.2007.01.170
3. Yamabe J, Takagi M, Matsui T et al (2003) Development of disc brake rotors for heavy- and medium-duty trucks with high thermal fatigue strength. In: International truck & bus meeting & exhibition, Fort Worth, 2003
4. Lim C-H, Goo B-C (2011) Development of compacted vermicular graphite cast iron for railway brake discs. Met Mater Int 17(2):199–205. https://doi.org/10.1007/s12540-011-0403-x
5. Collignon M, Cristol A-L, Dufrénoy P et al (2013) Failure of truck brake discs: a coupled numerical–experimental approach to identifying critical thermomechanical loadings. Failure of truck brake discs. Tribol Int 59:114–120. https://doi.org/10.1016/j.triboint.2012.01.001

6. Cristol A, Collignon M, Desplanques Y et al. (2014) Improvement of truck brake disc lifespan by material design. In: Transport research, Arena, Paris 2014
7. Bilgic Istoc S, Winner H (2018) The Influence of SRO and DTV on the Heat Crack Propagation in Brake Discs: EB2018-FBR-003. In: Eurobrake 2018
8. Bilgic Istoc S, Winner H (2018) A new model describing the formation of heat cracks in brake discs for commercial vehicles. In: 36th SAE brake colloquium 2018. SAE international
9. Dufrénoy P, Bodovillé G, Degallaix G (2002) Damage mechanisms and thermomechanical loading of brake discs. In: Petit J, Rémy L (Hrsg) Temperature-fatigue interaction: SF2M, vol 29. Elsevier, London, S 167–176
10. Gao CH, Huang JM, Lin XZ et al (2007) Stress analysis of thermal fatigue fracture of brake disks based on thermomechanical coupling. J Tribol 129(3):536. https://doi.org/10.1115/1.2736437
11. Rashid A, Stromberg N (2013) Sequential simulation of thermal stresses in disc brakes for repeated braking. Proc Inst Mech Eng Part J J Eng Tribol 227(8):919–929. https://doi.org/10.1177/1350650113481701
12. Sardá A (2009) Wirkungskette der Entstehung von Hotspots und Heißrubbeln in Pkw-Scheibenbremsen. Dissertation, Technische Universität Darmstadt
13. Steffen T, Bruns R (1998) Hotspotbildung bei Pkw-Bremsscheiben. ATZ Automobiltech Z 100(6):408–413. https://doi.org/10.1007/BF03221499
14. Le Gigan G, Vernersson T, Lunden R et al (2015) Disc brakes for heavy vehicles: an experimental study of temperatures and cracks Disc brakes for heavy vehicles. Proc Inst Mech Eng Part D J Automobile Eng 229(6):684–707. https://doi.org/10.1177/0954407014550843
15. Poeste T (2005) Untersuchungen zu reibungsinduzierten Veränderungen der Mikrostruktur und Eigenspannungen im System Bremse: Mikrostruktur und Eigenspannungen. Dissertation, Technische Universität Berlin
16. Wiegemann S-E, Fecher N, Merkel N et al. (2016) Automatic heat crack detection of brake discs on the dynamometer: EB2016-SVM-057. In: Eurobrake 2016
17. Bilgic Istoc S, Winner H (2018) Simulationskonzept zur Vorhersage der Hitzerissbildung bei Lkw-Bremsscheiben auf dem Schwungmassenprüfstand. In: VDI-Gesellschaft Fahrzeug- und Verkehrstechnik (Ed) 19. VDI-Kongress SIMVEC – Simulation und Erprobung in der Fahrzeugentwicklung: Baden-Baden, 20. und 21. November 2018. VDI Verlag GmbH, Düsseldorf, pp 571–584
18. Bilgic Istoc S, Winner H (2018) Heat cracks in brake discs for heavy vehicles. Automot Engine Technol 59:114. https://doi.org/10.1007/s41104-018-0027-y

Brake Fluids – First Class Performance for Today and Tomorrow

Verena Feldmann[✉]

Clariant Produkte (Deutschland) GmbH, Gendorf, Germany
verena.feldmann@clariant.com

1 Introduction

Brake fluid is an important and safety critical part of the brake system in vehicles. It is used as hydraulic medium to transmit the forces in brake system and clutch. In the hydraulic brake system forces are transmitted from the main brake cylinder to the wheels. The properties of a brake fluid are essential for safe operation of a brake system [1].

Requirements for brake fluids are diverse and vary strongly as there are different applications like small passenger cars, heavy SUVs and utility vehicles or racing cars [1, 2].

Important requirements are:

- High boiling and wet boiling point
- Beneficial viscosity index
- Low compressibility
- Efficient corrosion protection
- Beneficial lubrication and noise properties
- Compatibility with elastomers
- Low foaming
- Low solubility of air
- Oxidation stability
- Miscibility with water and other brake fluids
- Environmental friendliness
- Minimum toxicity

Brake fluids must always be considered in connection with the other materials used in the brake system. Especially sealing elastomers used in the system must not be negatively affected by the fluid. Brake fluids must have a slight swelling effect to ensure tight sealing, otherwise the shrinkage of elastomers could lead to a loss of brake fluid.

Moreover, the metal components of the brake system must be protected against corrosion as corrosion products might cause wear and tear.

Functionality of a brake fluid must be ensured over a wide temperature range and the fluid must be compatible and completely miscible with other brake fluids. During

© Springer-Verlag GmbH Deutschland, ein Teil von Springer Nature 2019
R. Mayer (Hrsg.): *XXXVIII. Internationales µ-Symposium 2019 Bremsen-Fachtagung,*
Proceedings, S. 70–73, 2019. https://doi.org/10.1007/978-3-662-59825-2_8

the life time of a vehicle, brake fluid has to be exchanged several times and it is possible that fluids of different manufacturers are used [1, 2].

2   Types of Brake Fluids

The chemical composition of a brake fluid must ensure to fulfil the requirements mentioned above and guarantee optimum performance and safety. Brake fluids comprise solvents, corrosion inhibitors, antioxidants and lubricating additives [1, 2].

There are three different types of brake fluids on the market, based on:

- Glycols, glycol ethers and their borate esters
- Silicone
- Mineral oils

Mineral oil-based fluids are rarely used, properties like compressibility and solubility of air are less favorable compared to glycol-based fluids [1].

Silicone based fluids have very high boiling points and are used for special applications like military vehicles or racing cars [1].

Over 95% of the world market are served by glycol-based brake fluids. They have excellent properties and can be widely used. Solvents used are mainly methyl and butyl ethers with 3–4 ethylene oxide units. DOT 3 fluids comprise glycols, glycol ethers and additives, while DOT 4 fluids additionally contain borate ester.

Glycol-based brake fluids are hygroscopic, that means they take up water over time. Water uptake takes place due to diffusion of water through brake hoses or wheel brake cylinders, via vent valves in the brake system or the reservoir.

Water uptake causes viscosity increase of a brake fluid. The boiling point on the other hand is decreased, therefore there is a boiling point measurement (ERBP = equilibrium reflux boiling point) of the dry fluid and a wet boiling point measurement (WERBP = wet equilibrium reflux boiling point) at 3–4% of water in the brake fluid. Thus, glycol-based brake fluids have to be exchanged regularly (every 1–3 years, depending on the type and environmental conditions).

While water is dissolved in DOT 3 fluids, DOT 4 fluids bind it chemically due to the borate ester. Thus, DOT 4 fluids have higher wet boiling points. As water is completely miscible with glycol-based brake fluid there is no vapor lock or freezing of water. This contributes significantly to the safety of the brake system and is a major advantage of glycol-based brake fluids [1, 2].

Non-hygroscopic brake fluids based on silicone or mineral oils do not take up water, but high temperatures during the application can cause decomposition of solvents or additives. Therefore, these types of fluids cannot be used for more than 3 years, either. Additionally, permeating water cannot be dissolved and can therefore lead to problems. If water drops freeze, they can lead to a failure of the brake system. If water is evaporated due to high temperatures, the compressible volume is increased significantly, also possibly causing failures of the brake system [1, 2].

3   Standards

Brake fluids based on mineral oils are described in ISO 7309 [3], requirements for silicone-based brake fluids are specified in SAE J1705 [4].

Requirements for glycol-based brake fluids and their examination are specified in the international standards SAE J1703 [5], SAE J1704 [6], FMVSS No. 116 [7] and ISO 4925 [8]. The fluids are also classified in the different standards (Tables 1, 2 and 3).

Requirements of OEMs often exceed the existing standards.

4   Testing and Trial of Brake Fluids

The most important laboratory tests are directly derived from the requirements and test procedures are exactly described in the above-mentioned standards [4–8].

The following tests are performed:

- Boiling point (ERBP) and wet boiling point (WERBP)
- Viscosity at –40°C and 100°C
- pH value
- Chemical and high temperature stability
- Metal corrosion on tinned iron, steel, aluminum, cast iron, brass, and copper
- Fluidity and appearance at low temperatures

Table 1. Classification and requirements for brake fluids according to FMVSS No. 116 [7].

	DOT 3	DOT 4	DOT 5 and DOT 5.1
ERBP [°C]	≥205	≥230	≥260
WERBP [°C]	≥140	≥155	≥180
Viscosity at –40°C [mm²/s]	≤1500	≤1800	≤900

Table 2. Classification and requirements for brake fluids according to SAE J1703 and SAE J1704 [5, 6].

	SAE J1703	SAE J1704 Standard	Low viscosity
ERBP [°C]	≥205	≥230	≥250
WERBP [°C]	≥140	≥155	≥165
Viscosity at –40°C [mm²/s]	≤1500	≤1500	≤750

Table 3. Classification and requirements for brake fluids according to ISO 4925 [8].

	Class 3	Class 4	Class 5-1	Class 6
ERBP [°C]	≥205	≥230	≥260	≥250
WERBP [°C]	≥140	≥155	≥180	≥165
Viscosity at –40°C [mm²/s]	≤1500	≤1500	≤900	≤750

- Water tolerance
- Resistance to oxidation
- Effect on rubber (EPDM and SBR)

Additionally, many OEMs have developed their own tests, which also must be passed. In the standards, only standardized materials and short testing times are described. Therefore, brake system manufacturers and OEMs carry out further long-term testing and material compatibility studies. Furthermore, different climatic conditions are simulated, and OEMs conduct fleet trials with special driving maneuvers.

Lubricity and noise behavior of brake fluids are gaining importance. For these properties no standardized tests are available, yet. These are under development.

5   New Requirements

In modern vehicles driver assistance systems are controlled by the brake system. The pumps operating in the ESP system have a running time much longer than in prior version vehicle brake systems. Therefore, sealing parts made of rubber or elastomeric material in the ESP system must be protected from wear better and better. Modern brake fluids must exhibit excellent lubricating properties and reduce friction, ensuring that no or only a very low degree of wear of the parts in the hydraulic unit occurs. Especially, they must protect the rubber or elastomeric material of sealing parts from becoming deformed and leaking, thus causing disoperation and lack of safety for running the vehicle.

There is a strong demand for high performance brake fluids providing excellent lubricity and having low temperature viscosity while meeting or exceeding at the same time the minimum boiling point and especially the wet boiling point temperature requirements as defined in the DOT 5.1 standard.

Noise behavior of brake fluids is gaining importance due to the development of silent electric cars and must be minimized.

References

1. Wissussek D, Icken C, Glüsing H (1995) Produktkreislauf Bremsflüssigkeiten. Expert-Verlag, Renningen-Malmsheim
2. Breuer B, Bill K (Eds) (2017) Bremsenhandbuch. 5th edn. Springer Vieweg, Wiesbaden
3. ISO International Organization for Standardization (Eds) (1985) ISO 7309
4. SAE Society of Automotive Engineers (Eds) (1995) SAE J1705
5. SAE Society of Automotive Engineers (Eds) (2016) SAE J1703
6. SAE Society of Automotive Engineers (Eds) (2016) SAE J1704
7. FMVSS Federal Motor Vehicle Safety Standard and Regulations (Eds) (2005) FMVSS No. 116
8. ISO International Organization for Standardization (Eds) (2005) ISO 4925

Electromechanical Actuation Systems NVH Challenges

Ralf Groß[1]([⊠]), Rich Dziklinski[2], und Joachim Noack[1]

[1] NVH, ZF Active Safety GmbH, 56070 Koblenz, Germany
ralf.gross@ZF.com
[2] NVH, ZF Active Safety GmbH, Livonia, MI, USA

Abstract. The work presented illustrates the NVH challenges of electro-hydraulic actuation systems by describing ZF's NVH development of the Integrated Brake Controller (IBC). In particular, ZF's motivation, simulation technologies, and component to vehicle correlation studies are summarized. Additionally, remaining challenges and areas of future development are discussed.

Keywords: NVH · CAE · Mechatronics · Actuator and actuation systems · Braking for electric, hybrids, and automated driving

1 Introduction

Increasing electrification of automotive powertrains has driven replacement of conventional vacuum based braking actuation systems with electro-hydraulic equivalents. Electro-hydraulic systems not only provide a solution to the vacuum-less power train, but also are ideal for implementation for autonomous driving. However, lower background noise levels due to electrification and customer expectations of actuation noise during driver or autonomous braking create noise, vibration and harshness (NVH) challenges for electro-hydraulic actuation technologies.

2 Automotive Actuation Technology History

In the past, vacuum brake booster technology has undergone several improvements and changes regarding efficiency, packaging and finally comfort. The NVH behavior has always been in focus during the development of brake actuation systems. A variety of distinct noise phenomena typically occur on assembly and subassembly level. A selection of those "booster noises" and their typical root cause locations is shown in Fig. 1.

As part of a brake actuation system the master cylinder is a key element for functionality but also can act as a key contributor to noise. In a similar way different types of noise might occur during operation. Figure 2 displays a range of phenomena and their origin.

© Springer-Verlag GmbH Deutschland, ein Teil von Springer Nature 2019
R. Mayer (Hrsg.): *XXXVIII. Internationales µ-Symposium 2019 Bremsen-Fachtagung,*
Proceedings, S. 74–79, 2019. https://doi.org/10.1007/978-3-662-59825-2_9

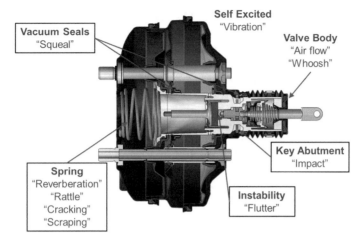

Fig. 1. Schematic section of a vacuum brake booster and typical locations for noise

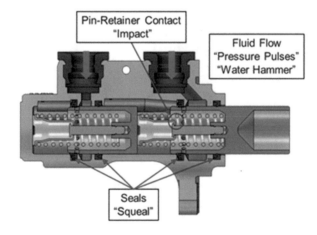

Fig. 2. Schematic section of a master cylinder and typical locations for noise

In summary four main categories for booster and master cylinder related noise can be identified:

a) impact related or gap driven: e.g. impact noise, rattle;
b) contact: squeal, scraping noise;
c) airflow: air flow and whoosh;
d) fluid and pressure related: instability; water hammer;

3   Integrated Brake Controller (IBC)

Recent trends in automotive industry have led to an increasing electrification of all types of vehicles. Consequently, this trend might be the main driver for replacement of conventional vacuum based braking actuation systems with electro-hydraulic equivalents. Main benefits for this technology change include:

- Integrated unit, combining Actuation+SCS (1-box)
- Normal brake pedal feel delivered by optimal pedal simulation
- Enables fuel efficient powertrains without the need of supplemental vacuum pumps
- Compatible with all powertrains
- Supports all driver assist functions, ACC, AEB and automated driving
- Fuel economy and CO_2 emissions benefits
- Significant weight savings
- Fewer components: more compact package, easier vehicle assembly

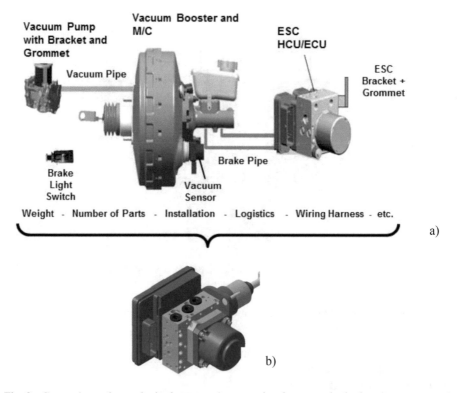

Fig. 3. Comparison of complexity between a) conventional vacuum brake booster system and b) integrated brake controller. Note: Sketches are not to scale

As one of the most important upcoming braking products IBC systems have been implemented into several crossover vehicle platforms in 2019 and 2020 for more OEMs to come. Other vehicles and OEM platforms are currently under development (Fig. 3).

4   NVH-Development Challenges

IBC is a replacement for vacuum booster actuation technology. However, the physics that create noise are very different. In contrast to vacuum booster the noise is primarily structure borne. As a consequence, the traditional actuation requirements and methodologies do not correlate completely. Nevertheless, as an integral part of product requirements ZF targeted IBC NVH levels to be as good or better than vacuum based actuation without the use of isolation. The main challenges during development appeared to be:

- CV NVH Development
- Melding of Different Technologies
- NVH Methodology
- Test Validation
- Vehicle Dependency

Because braking industry lacked historical data experience for those type of products new approaches had to be made. Focus elements at an early stage of development have been to define critical activations and to derive test definitions, which allow standardized test and investigation surroundings. Figure 4 shows our systematic approach for data analysis and evaluation methods, which were focused on identifying the critical frequency content and metric development.

During all stages of product development hardware related experience from other product groups has been beneficial. Not only cross functional elements from other

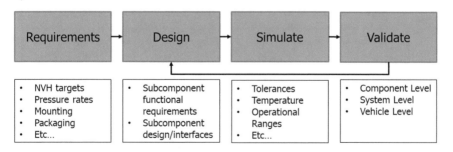

Fig. 4. NVH Methodology breakdown

braking technologies (i.e. conventional slip control, conventional actuation and master cylinder) but also methodologies from electric power steering have successfully been used.

In addition to a wide range of experimental testing it has been imperative to use simulation methods (CAE) already at a very early stage in the process. Not only understanding of the complex physics of the interaction between hardware parts of the gear train has been achieved. Also, the stability at a component as well as the robustness at boundary conditions was gained. As an example, Fig. 5 shows the optimization of ball velocity within the ball nut. The use of sophisticated simulation approaches allowed us to correctly balance between functionality and NVH requirements.

As a result, an acceptable NVH behavior on part and vehicle level has been achieved. A comparison in Fig. 6 illustrates that IBC NVH levels are as good or better than vacuum based actuation without the use of isolation.

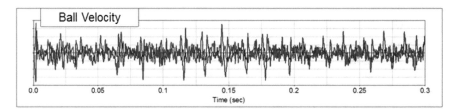

Fig. 5. Graph showing optimized ball velocity in ball nut in order to achieve an acceptable NVH behavior

Finally, correlation has been determined between jury subjective rating, objective vehicle level NVH and system level NVH on different test rigs. During those syste-

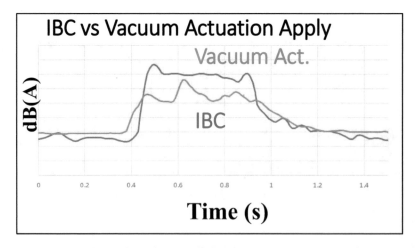

Fig. 6. Comparison of NVH levels between IBC and vacuum actuation during brake apply

matic investigations a "new" NVH tuning element has been identified in contrast to past braking products. The leveling of brake pressure and volume can typically be achieved by an increase in activation speed as is shown in Fig. 7.

Several investigation steps have been done to adjust the functional dynamics preferably by software. In some cases, the NVH behavior has been directly affected and

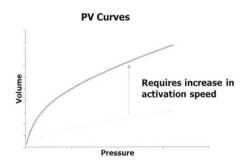

Fig. 7. Vehicle dependency and foundation brake effects

unfortunately increased. Good effort has then been taken by using software mitigations as another tool to reduce NVH levels, while still providing excellent performance.

Furthermore, mounting of an active safety system to the vehicle's front of dash creates additional challenges. Hard mounted systems with solenoid valves, motors, ball screws, gear trains, etc. can lead to significant structure borne noise. Considerable detail to the design and development of hardware, controls, and the synergy between both are required to meet customer expectations.

5   Conclusion and NVH-Development Challenges

As a conclusion, a state-of-the-art product for current and future vehicle applications has been developed. A broad range of functional aspects has been successfully combined, but still certain challenges have been identified. In loose order the main factors, which might influence the NVH performance of brake product, are:

- Stricter NVH requirements
- Package sizing
- Electric Vehicles
- Autonomous Driving

Recuperative Brake System
of the Porsche Taycan

Bernhard Schweizer[✉] und Martin Reichenecker[✉]

Dr. Ing. h.c. F. Porsche AG, Porschestraße 911, 71287 Weissach, Germany
{bernhard.schweizer,martin.reichenecker}@porsche.de

Unfortunately, the translation of the script was not available for printing. The German original version is on page 28.

© Springer-Verlag GmbH Deutschland, ein Teil von Springer Nature 2019
R. Mayer (Hrsg.): *XXXVIII. Internationales µ-Symposium 2019 Bremsen-Fachtagung,*
Proceedings, S. 80, 2019. https://doi.org/10.1007/978-3-662-59825-2_10

Investigation of Brake Emissions of Different Brake Pad Materials with Regard to Particle Mass (PM) and Particle Number (PN)

Andreas Paulus[✉]

TMD Friction Services GmbH, 51381 Leverkusen, Germany
Andreas.Paulus@tmdfriction.com

Abstract. Non-exhaust PM_{10} emissions are coming increasingly into focus of both regulation and media coverage. This will in coming years pose a challenge to the mobility sector as a whole and to the automobile industry in particular. To master this challenge, an in depth knowledge of the underlying processes of particle generation and emission is needed. As a contribution to this effort, the present study investigates the influence of different friction materials and disc types on brake emissions. It show that a well-performed brake emission measurement on a brake dynamometer can provide valuable information about both basic influencing factors and material-specific emission behavior. The results clearly indicate a correlation between the mass of PM_{10} emissions and total wear as well as a temperature dependency of the number of emitted particles (PN emissions) for grey cast iron brake discs. It is shown that coated discs have the ability to significantly reduce PN emissions especially in the small particle size range. The presented measurement method and evaluation strategy enables future friction material development that is aiming at low emission brake systems.

Keywords: Brake emissions · Friction material · Particle number · Particle mass · Emission measurement

1 Introduction

In recent years, there has been intensive discussion about air quality in terms of emission of fine particles especially in urban areas. In the EU, fine particles are defined by a mean aerodynamic particle diameter of less than 10 μm and termed PM_{10} (particulate matter < 10 μm). Since 2005, EU member states have to comply with EU regulation that prescribes a daily average limit value of 50 μg/m³ of PM_{10}, which may not be exceeded at more than 35 days per year, as defined in directive 1999/30/EG.

Although the origin of airborne fine particles is manifold, the particle emissions caused by the mobility sector have been in the focus of both regulation and media coverage. As the PM_{10} emissions that originate from internal combustion engines constantly declined in recent years, the particle emissions from non-exhaust sources is coming increasingly into focus. Around 2012, the mass of non-exhaust PM_{10} exceeded

© Springer-Verlag GmbH Deutschland, ein Teil von Springer Nature 2019
R. Mayer (Hrsg.): *XXXVIII. Internationales μ-Symposium 2019 Bremsen-Fachtagung,*
Proceedings, S. 81–94, 2019. https://doi.org/10.1007/978-3-662-59825-2_11

the mass of exhaust PM_{10}. The non-exhaust PM_{10} is divided in three major fractions of brake wear, tire wear and re-suspension of road dust [1].

Apart from that, recent studies showed that not only the mass of the particles is relevant to their environmental and health effects, but also the size of the particles. This is why also ultra-fine particles are considered in recent research [2]. To account for that not only the mass of emitted particles but also the number of those particles have to be measured in investigations regarding non-exhaust particle emissions. In the context of this study, I will refer to the mass of emitted particles as PM and to the number of emitted particles as PN.

As a reaction to this development, regulation authorities, academia and industry have started to work on the topic of brake emissions, by which is meant airborne PM_{10} emissions originating from friction brakes. The focus has so far been on mechanisms to reduce brake emissions by means of collection devices or brake disc coatings as well as methods to measure brake emissions in a conclusive and reproducible manner.

The main activities concerning measurement of brake emissions is conducted in the framework of the UNECE PMP group (Informal group on the Particle Measurement Programme) that is working on a standardized methodology for brake emission measurement utilizing the novel WLTP-based brake emission test cycle that is presented in [3]. That test cycle has been finally approved in 2019 and will be the basis for future testing and regulation regarding brake emissions worldwide.

What has not yet been considered properly in terms of brake emissions is the influence of different classes of brake pads as an essential part of the brake system. It is well known that different classes of friction materials possess very diverse physical and chemical properties and they have significant influence on friction and wear characteristics of the brake system [4]. It is thus obvious that they will also influence the generation of brake emissions [5]. This study aims at giving hints on how different classes of friction materials behave in this context, how the results of brake emission measurements can be reasonably evaluated and how the findings might lead to reduced brake emissions by targeted friction material development.

2 Experimental Setup

2.1 Brake Emission Dynamometer

For this study a climate controlled brake dynamometer was used to conduct the testing. Brake dynamometers are test rigs commonly used in the brake industry as they provide the possibility to adapt various test cycles under controlled conditions with a minimum of uncontrolled environmental influence factors that are necessarily present e.g. in vehicle testing. Testing on a brake dynamometer thus provides the means to reproducibly characterize brake systems regarding their friction, wear and brake emission behavior.

Fine particles generated during braking possess different masses and sizes, which is why they exhibit individual trajectories when they leave the brake. While larger particles with a diameter of ~10 µm have in average much higher inertia and are transported further away from the brake, small particles will follow the streamlines of the airflow around the brake more directly. This can lead to a size dependent separation of particles in the airflow and distort the results if particles are sampled at a point near the brake. To account for that issue and make possible a representative and reproducible emission measurement, an enclosure is installed around the brake and a defined constant airflow is established in the enclosure and the duct. The airflow is set in a way such that large particles are transported away from the brake before they can be deposited on the wall of the enclosure. Similar experimental setups have been used to successfully study brake emissions in the past [5–7].

The general setup of the test rig and particle measurement is depicted in Fig. 1. Filtered air enters the enclosure from the bottom and leaves it at the top. The diameter of the duct is 125 mm and the point of sampling is more than 8 times the diameter of the duct away from the brake. The air flowrate is set to 70 m^3/h, which corresponds to an airspeed in the duct of ~6 kph. The flowrate is chosen to achieve good transport efficiency and short retention time of the particles as well as match the devices sensitivity requirements.

The disc temperature is measured via an embedded thermocouple in the friction ring. Disc and pads are weighed before and after each test to determine the gravimetric weight loss. The enclosure and the duct are cleaned after each test to ensure the measured particles originate from the current test. The sampling is implemented under approximate iso-kinetic conditions for each of the three measurement devices.

For the measurement of PM emissions, the TSI DustTrak DRX device is used. The device utilizes the working principle of light-scattering laser photometer to measure particle mass in five size fractions. The DustTrak measures PM in the size range of $0,1-15$ µm, but also provides data for PM$_{10}$, which was used in this study.

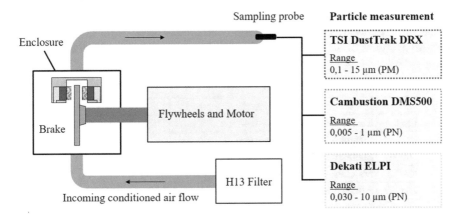

Fig. 1. Test setup of brake emission dynamometer

The PN emissions are measured using two devices that detect particles in different size ranges. The Cambustion DMS500 is a Fast Mobility Particle Sizer (FMPS) type device that electrically charges the particles passing the device and makes use of the correlation of particle size and electrical mobility to separate the particles according to their size [8]. The DMS device can measure very small particles starting from a diameter of 5 nm up to 1 µm.

The Dekati ELPI is an impactor based measurement device in which the particles are accelerated in a nozzle. The particle flow is guided to a perpendicular impaction plate, where smaller particles can follow the streamlines around the impaction plate. Larger particles cannot follow the streamlines due to their inertia and are deposited on the impaction plate. The geometry of the nozzle and the impaction plate as well as the flow rate determine the aerodynamic cut-off diameter of each stage [9]. This measurement method provides a PN measurement in the size range of 30 nm−10 μm.

It is important to be aware of the different size ranges of the DMS and the ELPI in PN measurement to interpret the results correctly. Whereas the DMS measures very fine particles, the ELPI rather measures larger particles, although there is a large overlap in measurement ranges.

2.2   Brake System and Samples

The dynamometer tests are conducted using a fixed caliper rear axle passenger car brake system. The dimensions of disc and brake pad are the same for all tests. The disc diameter is 278 mm and the friction ring has a thickness of 9 mm. The brake pads have a surface area of 27 cm². The same brake caliper and the same brake dynamometer are used for all tests. To be able to evaluate the effects of different friction materials and friction material classes, two low-metallic (LM) and two non-asbestos organic (NAO) friction materials are investigated in combination with a standard grey cast iron (GCI) massive brake disc. In both friction material classes (LM and NAO) one high wearing and one low wearing material is chosen for the investigation.

Additionally one adapted low-metallic friction material is tested on a grey cast iron disc that was coated with tungsten carbide (WC) via HVOF thermal spray method. The dimensions of the WC-coated disc are the same as for the standard GCI disc. An overview of the used parts and a clear naming can be found in Table 1.

Table 1.   Overview of friction materials and brake discs used in this study

Name	Friction material	Brake disc
LM1	Standard high wear low-metallic	Grey cast iron (GCI) disc
LM2	Standard low wear low-metallic	
NAO1	Standard high wear non-asbestos organic	
NAO2	Standard low wear non-asbestos organic	
LM3	Adapted low-metallic for WC-coated disc	WC-coated GCI disc

2.3   Test Cycle

In this study, a test cycle based on real driving data is used. The base data were obtained at a vehicle test in an urban area in Cologne city as well as in an extra-urban area near Cologne. The urban part of the test cycle consists of 188 brake events with a mean initial braking speed of 42,9 kph and a mean deceleration of 18,7%g. The extra-urban part of the test cycle consists of 322 brake events with a mean initial braking speed of 62,1 kph and a mean deceleration of 21,8%g. All brake events are temperature controlled, which means the disc temperature is cooled down to a specified initial temperature prior to every brake event. This results in different runtime of tests with different brake systems due to altered cooling behavior. The same effect can occur when using different discs in the same brake system.

For brake emission testing, one extra-urban cycle is run as bedding followed by one urban cycle and one extra-urban cycle incorporating brake emission measurement. A graphical representation of the used test cycle is shown in Fig. 2. The figure also includes temperature data from a test with LM1 parts (see Table 1) to give an impression of what temperature level has to be expected during the test.

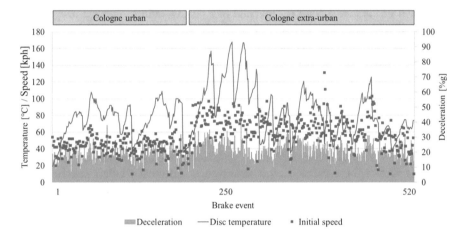

Fig. 2. Overview of Cologne urban and Cologne extra-urban driving cycle

The Cologne urban and extra-urban cycles represent on average higher deceleration brake events and higher initial braking speeds as the novel WLTP-based brake emission cycle. The novel WLTP-based brake emission cycle consists of 303 brake events with a mean initial braking speed of 41,6 kph and a mean deceleration of 9,9%g. Nevertheless, maximum temperatures were found to be approximately on the same level, while mean temperatures are ~20−30°C higher in the Cologne urban and extra-urban cycle. This comparison of temperatures is based on different brake systems used in the respective tests and has thus to be seen as rough estimation.

Consequently, it has to be pointed out that the used Cologne urban and extra-urban cycle is not a representative test cycle for average worldwide driving behavior. It does not represent a standardized test procedure and cannot provide resilient absolute results for brake emission measurement. In the future, the novel WLTP-based brake emission cycle will be used to fulfill exactly those requirements. As that cycle was not defined at the time when the tests incorporated in this study were conducted, the Cologne urban and extra-urban cycle was used. In future brake emission testing there will be a clear focus on the novel WLTP-based brake emission cycle.

Normalized emission results are shown in this study to account for the fact that the results are based on a non-standardized test cycle and absolute values might be very different when using another test cycle.

3   Results and Discussion

Using the experimental setup described in Sect. 2, numerous tests have been conducted to investigate the brake emissions of a rear axle brake system incorporating the friction materials and brake discs described in Table 1. Considering the fact that the test cycle used for this investigation does not represent a standardized test cycle, the results and discussion section is separated into considerations on basic insights and a material screening.

The basic insights that can be gained via the evaluation of the results are independent of the actual cycle used and hold true also for other load profiles as they refer to output variables like wear and temperature that are available for most of the tests conducted on brake dynamometers.

The material screening is based on the Cologne urban and extra-urban cycle and provides PM and PN emission data that is dependent on the test cycle. Those data can thus not be reasonably compared to results based on other test cycles nor can it be used for an evaluation of absolute emission values. Nevertheless, the material screening allows for a normalized comparison of different friction material classes and disc concepts in terms of brake emissions and can give important hints on how to effectively approach future friction material development.

3.1   Basic Insights

There is a multitude of ways how to visualize brake emission data. Probably the most comprehensible one is to consider the total amount of PM and the total concentration of PN in the course of a test. This approach provides a single value for each the PM and PN emissions during the test and constitutes a straightforward way to characterize a brake system under prescribed load conditions. It does on the other hand not account for the specific effects of any time-variant influencing factors like braking speed, deceleration or temperature.

Figure 3 shows the correlation of total PM and total wear respectively the correlation of total PN and total wear. Total wear is in this context defined as the sum of the weight loss of both brake pads and the brake disc during the test. It can be seen that a good linear correlation exists between total PM and total wear ($R^2 = 87\%$) while such a correlation does not exist between total PN and total wear ($R^2 = 21\%$). This means that an extrapolation from total wear of brake pads and brake disc to the PM emissions is possible up to a certain degree. Of course, this statement does not automatically hold true for different load conditions.

A factor known to have an especially strong influence on brake emissions is temperature [10]. Figure 4 analyses this temperature influence for the case of LM1, which is a high wear low-metallic friction material against a grey cast iron (GCI) disc.

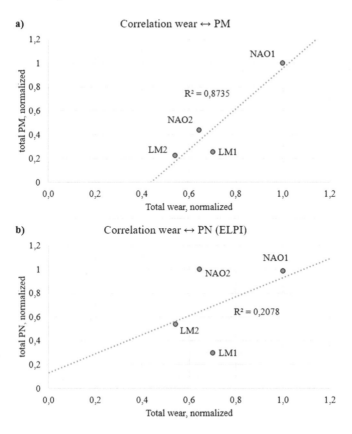

Fig. 3. Correlation between a) total PM and total wear, b) total PN and total wear (all values normalized)

Figure 4a shows on the first y-axis the total PN emissions measured by DMS against temperature classes on the x-axis. Each class has a width of ~12 °C and the total concentration of every measurement with a disc temperature within this class is summed up and displayed as a bar. On the second y-axis, the figure shows the cumulated total PN emissions relative to the total PN in the whole test as a line. Figure 4b depicts the equivalent results for PM emissions measured by DustTrak.

It can be seen that for LM1 the total PN emissions rise massively at disc temperatures above 140 °C. Only 10–15% of the PN emissions occur at temperatures below 140 °C. For PM emissions, the situation is very different as ~90% of the PM emission occur at temperatures below 100 °C, where also ~80% of the brake applications occur. The described behavior is very similarly also observed in tests using parts from LM2, NAO1 and NAO2 (see Table 1).

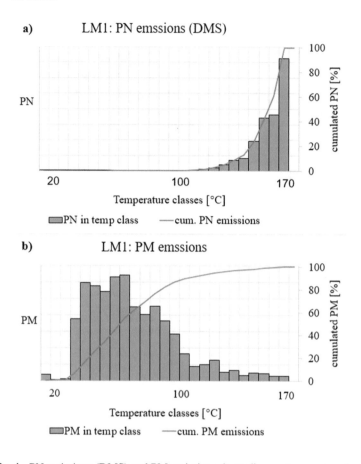

Fig. 4. PN emissions (DMS) and PM emissions depending on temperature for LM1

For LM3, which represents an adapted low-metallic friction material against a WC-coated GCI disc, the strong temperature dependence of PN emissions does not exist. In fact, the majority of the PN emissions (~80%) occur at temperatures below 100 °C, as can be seen from Fig. 5a. Only ~ 15% of the PN emissions occur at the highest temperatures above 140 °C. The distribution of PM emissions over temperature is very similar to the other materials investigated, which means ~ 90% of the PM emissions occur at relatively low temperatures below 120 °C (Fig. 5b). Attention should be paid to the fact that the general temperature level as well as the maximum disc temperatures are significantly higher in the tests using WC-coated discs. This behavior is reflected in a rise in maximum temperature from 167 °C in case of LM1 to 212 °C in case of LM3.

When comparing the PN results of LM1 and LM3 it has to be emphasized that the maximum PN values measured for LM3 are two orders of magnitude lower than the maximum PN values for LM1. PM emission are on the same absolute level.

The different relation between temperature and PN emissions for different disc concepts is an interesting observation and may be the main reason for the advantages that are attributed to coated discs when it comes to brake emissions. A further comparison of LM1 and LM3 focusing on time-based results is conducted in the next chapter.

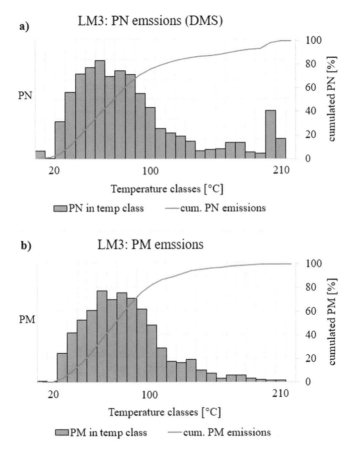

Fig. 5. PN emissions (DMS) and PM emissions depending on temperature for LM3

3.2 Total PM and PN Emissions

The last chapter analyses the data with regard to the basic insights that can be gained when evaluating the data. This chapter will discuss the material screening that was conducted and focus on the comparison of total PM and total PN based on the Cologne urban and extra-urban driving cycle that was described in Sect. 2.3.

Figure 6 depicts the total PM measured by DustTrak, the total PN measured by DMS and the total PN measured by ELPI for all cases described in Table 1. It has to be pointed out that the two measurement devices for PN emissions provide data for different ranges of particle size. DMS measures the number of the small particle fraction (0,005–1 μm), whereas ELPI measures the number of larger particles (0,030–10 μm). The data sets of PM, PN (DMS) and PN (ELPI) are visualized in Fig. 6 and are normalized within each data set.

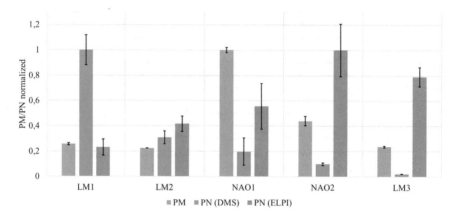

Fig. 6. Normalized total PM/PN emissions

Looking at the total PM emissions it can be stated, that the highest value occurs for NAO1, whereas LM2 and LM3 show lowest amount of PM, which is equivalent to the statement that high wear materials show highest PM emissions within their friction material class. This is a plausible observation considering the findings described in Sect. 3.1 that there exists a good linear correlation between total PM and total wear.

The highest total concentration of PN for smaller particles is observed in case of LM1 whereas the lowest PN emissions occur for LM3. For larger particles, the highest PN emissions can be observed for NAO2, the lowest for LM1. This is in some way a contra-intuitive result, as it means that in the same test (LM1) relatively low PN emissions in the larger size fraction and relatively high PN emissions in the smaller size fraction are observed. From this, it can be seen that PN emissions have to be considered over the whole range of particle sizes with special focus on very small particles as they contribute disproportionately to total concentration of PN. In case of LM1, the PN emissions measured by DMS are one order of magnitude higher than measured with ELPI.

For the tests conducted in the scope of this study, low-metallic friction materials seem to be more critical in terms of PN emissions especially of very fine particles while non-asbestos organic friction materials seem to be more critical in terms of PM emissions. The tests incorporating WC-coated discs, which were conducted in this study, lead to relatively low PM emissions and low PN emissions of small particles. The relatively high PN emissions of larger particles for LM3 is relativized by the fact that generally PN emissions of larger particles are lower than PN emissions of smaller particles when considering absolute numbers.

An important fact confirmed by the tests is that both PM and PN emissions have to be considered to comprehensively characterize a brake system regarding its brake emission behavior. The same combination of brake pad and brake disc can result in high PM and low PN emissions and vice versa when compared to other combinations of brake pad and brake disc.

It has been reported in previous studies that especially PN emissions occur not steadily distributed over the testing time, but rather occur at specific sections of the test [10]. This behavior can also be observed in the tests conducted in the scope of this study. Figure 7 shows the disc temperature and the cumulated PM and PN results of a test using LM1 parts over the test runtime. The cumulated emission results are shown as percentage share of the total emissions of the test.

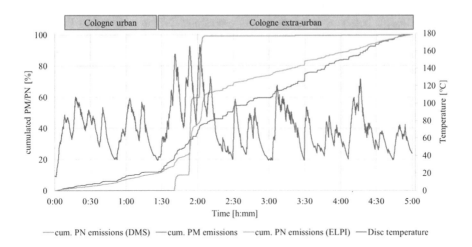

Fig. 7. Cumulated PM and PN emissions, LM1

The disc temperature rises over 140 °C only at three distinct and relatively small time slots. As can be seen from the progress of the cumulated total concentration from DMS, the majority of small particles (<1 µm) are emitted in the time slots where the disc temperature exceeds 140 °C. For larger particles measured by ELPI, this behavior is not that pronounced, but the slope of cumulated PN emissions (ELPI) is also significantly higher at the beginning of the extra-urban part of the test cycle where the highest disc temperatures occur. The PM emissions are relatively independent of the disc temperature, at least for the relatively small temperatures observed during this test.

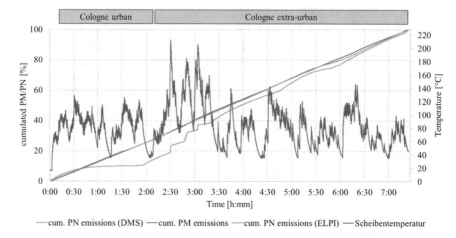

Fig. 8. Cumulated PM and PN emissions, LM3

Figure 8 depicts the equivalent results for LM3 incorporating a WC-coated disc. It can be seen that the peak temperatures occur at the same distinct time slots as in the test using LM1 parts. This combination of friction material and disc concept shows a very different behavior in terms of PN emissions. When considering the cumulated PN emissions of larger particles measured by ELPI, the emissions are equally distributed over the whole runtime of the test with no visible influence of temperature. The same holds true for PM emissions. The cumulated PN emissions of smaller particles measured by DMS show only little influence of temperature. The slope during the high temperature part is only slightly higher than in other parts of the test. This confirms the findings from Sect. 3.1 that the system of adapted low-metallic friction material and WC-coated disc almost eliminates the temperature dependency of PN emissions.

4   Conclusion

The present study investigates the influence of different friction material classes on the brake emissions in terms of particle mass (PM) and particle number (PN). A brake dynamometer was modified to meet the requirements of reproducible brake emission measurement and was used to conduct emission measurements based on a Cologne urban and extra-urban driving cycle.

The results of this test campaign allow drawing some basic conclusions regarding brake emissions. It was shown that there exists a good linear correlation between total PM emissions and total wear of pad and disc, while such a correlation is not observed between total PN emissions and total wear. The temperature was found to be a trigger for massive PN emissions especially in the small size range <1 μm. Friction materials seem to possess a characteristic threshold temperature above which the PN emissions increase very rapidly. However, this behavior was only observed in case of grey cast iron brake discs. When using WC-coated brake discs this threshold temperature either does not exist or is shifted to much higher temperatures well above 210 °C.

A comparison of total PM and total PN emissions of different friction material classes revealed the fact that the same material in the same test can have relatively high PM emissions and relatively small PN emission and vice versa. Apart from that, the particle size distribution can be very different from material to material. This is why PN and PM emissions have to be considered separately and PN emissions have to be measured in a measurement range starting at small sizes of ~5 nm up to 10 µm.

The results of this study show that the friction material as well as the disc concept provide promising approaches to tackle future challenges regarding brake emission reduction of brake systems. To achieve reliable statements about what combination of friction material and disc fulfills the future brake emission requirements best, measurements have to be conducted according to international standards on brake emission measurement that are not yet finally defined. Those standards are currently developed by the UNECE PMP group and will ensure reproducible and repeatable brake emission measurement as the basis for future development and regulation.

Acknowledgments. The results presented in this study could not have been achieved without the support of many TMD colleagues from testing area, laboratory and engineering. I especially would like to thank Ilja Plenne, Dirk Welp, Jacob Techmanski and Dr. Axel Stenkamp.

References

1. Denier van der Gon H, Gerlofs-Nijland M, Gehrig R, Gustafsson M, Janssen N, Harrison R, Hulskotte J, Johansson C, Jozwicka M, Keuken M, Krijgsheld K, Ntziachristos L, Riediker M, Cassee F (2013) The policy relevance of wear emissions from road transport, now and in the future. J Air Waste Manage Assoc 63:136–149
2. Asbach C, Todea AM, Zessinger M, Kaminski H (2019) Generation of fine and ultrafine particles during braking and possibilities for their measurement. In: XXXVII international µ-Symposium 2018 brake conference. Springer, Berlin, pp 143–164
3. Mathissen M, Grochowicz J, Schmidt C, Vogt R, Farwick zum Hagen FH, Grabiec T, Steven H, Grigoratos T (2018) A novel real-world braking cycle for studying brake wear particle emissions. Wear 414-415:219–226
4. Breuer B. (2012) Bremsenhandbuch. 4th edn. Springer Fachmedien, Wiesbaden
5. Grigoratos T, Martini G (2015) Brake wear particle emissions: a review. Environ Sci Pollut Res 22:2491–2504
6. Hagino H, Oyama M, Sasaki S (2016) Laboratory testing of airborne brake wear particle emissions using a dynamometer system under urban city driving cycles. Atmos Environ 131:269–278
7. Perricone G, Matějka V, Alemani M, Valota G, Bonfanti A, Ciotto A, Olofsson U, Söderberg A, Wahlström J, Nosko O, Straffelini G, Gialanella S, Ibrahim M (2018) A concept for reducing PM10 emissions for car brakes by 50%. Wear 396–397:135–145

8. Kaminski H, Kuhlbusch TAJ, Rath S, Götz U, Sprenger M, Wels D, Polloczek J, Bachmann V, Dziurowitz N, Kiesling HJ, Schwiegelshohn A, Monz C, Dahmann D, Asbach C (2013) Comparability of mobility particle sizers and diffusion chargers. J Aerosol Sci 57:156–178

9. Keskinen J, Pietarinen K, Lehtimäki M (1992) Electrical low pressure impactor. J Aerosol Sci 23:353–360

10. Farwick zum Hagen FH, Mathissen M, Grabiec T, Hennicke T, Rettig M, Grochowicz J, Vogt R, Benter T (2019) Study of brake wear particle emissions: impact of braking and cruising conditions. Environ Sci Technol. https://doi.org/10.1021/acs.est.8b07142

Urban Air Mobility—Challenges and Opportunities for Air Taxis

Carsten Rowedder[✉]

Composite Technology Center GmbH, 21684 Stade, Germany
carsten.rowedder@airbus.com

Unfortunately, the translation of the script was not available for printing. The German original version is on page 49.

© Springer-Verlag GmbH Deutschland, ein Teil von Springer Nature 2019
R. Mayer (Hrsg.): *XXXVIII. Internationales µ-Symposium 2019 Bremsen-Fachtagung,*
Proceedings, S. 95, 2019. https://doi.org/10.1007/978-3-662-59825-2_12

Autorenverzeichnis

© Springer-Verlag GmbH Deutschland, ein Teil von Springer Nature 2019
R. Mayer (Hrsg.): *XXXVIII. Internationales µ-Symposium 2019 Bremsen-Fachtagung,*
Proceedings, S. 97, 2019. https://doi.org/10.1007/978-3-662-59825-2